ISW Forschung und Praxis

Berichte aus dem Institut für Steuerungstechnik
der Werkzeugmaschinen und Fertigungseinrichtungen
der Universität Stuttgart

Herausgeber: Prof. Dr.-Ing. Dr. h.c. G. Pritschow

Band 107

Eugen Wieland

Anwendungsorientierte Programmierung für die robotergestützte Montage

Springer-Verlag
Berlin Heidelberg GmbH 1995

D 94

ISBN 978-3-540-59025-5   ISBN 978-3-662-11163-5 (eBook)
DOI 10.1007/978-3-662-11163-5

Gesamtherstellung: Druckerei Kuhnle, Esslingen
SPIN: 10497398   62/3020-543210

Geleitwort des Herausgebers

In der Reihe „ ISW Forschung und Praxis" wird fortlaufend über Forschungsergebnisse des Instituts für Steuerungstechnik der Werkzeugmaschinen und Fertigungseinrichtungen der Universität Stuttgart (ISW) berichtet, das sich in vielfältiger Form mit der Weiterentwicklung des Systems Werkzeugmaschine und anderer Fertigungseinrichtungen beschäftigt. Die Arbeiten dieses Instituts konzentrieren sich im besonderen auf die Bereiche Numerische Steuerungen, Prozeßrechnereinsatz in der Fertigung, Industrierobotertechnik sowie Meß-, Regel- und Antriebssysteme, also auf die aktuellsten Bereiche der Fertigungstechnik. Dabei stehen Grundlagenforschung und anwenderorientierte Entwicklung in einem stetigen Austausch, wodurch ein ständiger Technologietransfer zur Praxis sichergestellt wird.

Die Buchreihe erscheint in zwangloser Folge und stützt sich auf Berichte über abgeschlossene Forschungsarbeiten und Dissertationen. Sie soll dem Ingenieur bei der Weiterbildung dienen und ihm Hilfestellungen zur Lösung spezifischer Probleme geben. Für den Studierenden bietet sie eine Möglichkeit zur Wissensvertiefung. Sie bleibt damit unter erweitertem Namen und neuer Herausgeberschaft unverändert in der bewährten Konzeption, die ihr der Gründer des ISW, der leider allzu früh verstorbene Prof. Dr.-Ing. G. Stute, im Jahre 1972 gegeben hat.

Der Herausgeber dankt der Druckerei für die drucktechnische Betreuung und dem Springer-Verlag für Aufnahme der Reihe in sein Lieferprogramm.

G. Pritschow

Vorwort

Die vorliegende Arbeit entstand während meiner Tätigkeit als wissenschaftlicher Mitarbeiter am Institut für Steuerungstechnik der Werkzeugmaschinen und Fertigungseinrichtungen (ISW) der Universität Stuttgart.

Herrn Professor Dr.-Ing. Dr. h.c. G. Pritschow, dem Leiter des Instituts, gebührt mein besonderer Dank für die Schaffung der Voraussetzungen, die für das Gelingen dieser Arbeit wesentlich waren, für seine wohlwollende Förderung und für die Übernahme des Hauptberichts.

Herrn Prof. Dr.-Ing. Dr. h.c. mult. H.-J. Warnecke danke ich herzlich für die Übernahme des Koreferats.

Das Klima an einem Institut wird wesentlich durch den Willen zur Zusammenarbeit und zur gegenseitigen Unterstützung, sei es in Form von Anregungen, tatkräftiger Mithilfe oder Kritik, geprägt. Allen Kolleginnen, Kollegen und Studenten, die mich in diesem Sinne bei meiner Tätigkeit und bei der Anfertigung dieser Arbeit unterstützt haben, gilt mein spezieller Dank. Besonders zum Gelingen dieser Arbeit beigetragen haben Gerhard Hochholzer, Fritz Scheurer, Udo Rentschler, Karl-Heinz Wurst und Ronald Angerbauer.

7

Inhalt

Verzeichnis der Abkürzungen

APT	Automatically Programmed Tools, Teileprogrammiersprache
AV	Arbeitsvorbereitung
CAD	Computer Aided Design
CAP	Computer Aided Planning
CIM	Computer Integrated Manufacturing
DNC	Direct Numerical Control
FTS	Fahrerloses Transportsystem
IRDATA	Industrial Robot Data, genormte Schnittstelle zwischen Programmier- system und Robotersteuerung
IRL	Industrial Robot Language, Programmiersprache für Industrieroboter
KI	Künstliche Intelligenz
MDT	Mobiler Datenträger
MMS	Manuelle Montagestation
NC	Numerical Control, Numerische Steuerung für Werkzeugmaschinen
PP	Postprozessor
PPS	Produktionsplanungs- und -steuerungssystem
RC	Robot Control, Robotersteuerung
RMS	Roboter-Montagestation
WT	Werkstückträger

1 Einleitung

Die Montage ist der Produktionsbereich mit den größten Automatisierungsreserven /1/. Während bei der Massenfertigung und im Großserienbereich Automatisierungslösungen auf der Basis von genau angepassten Spezialmontagemaschinen anzutreffen sind, dominiert bei mittleren und kleinen Serien nach wie vor die manuelle Montage /2/. Im Mittel- bis Kleinserienbereich liegt jedoch in Zukunft das Schwergewicht der industriellen Güterproduktion. Ein Grund dafür ist in der zunehmenden Differenzierung der Märkte zu finden, was zu steigender Variantenvielfalt, abnehmenden Variantenstückzahlen und verkürzter Produktlebensdauer führt. Diese Erzeugnisstruktur kann vor dem Hintergrund des zunehmenden Kostendrucks, zunehmender Qualitätsanforderungen und des Zwangs zu kürzeren Durchlaufzeiten nur mit flexiblen, automatisierten Montageanlagen beherrscht werden.

Für die Montage von Kleinteilen aus der Feinmechanik oder Elektrotechnik sind heute Anlagen mit Robotern bekannt, die durch Greifer- und Vorrichtungswechsel sehr schnell umgerüstet werden können und somit auch die wirtschaftliche Abwicklung kleiner Losgrößen ermöglichen, oder gar Anlagen, die von vornherein auf die Montage von Einzelstücken unterschiedlicher Produkte und damit auf einen Anlagenmischbetrieb (Teilemix) ausgelegt sind /3 - 8/. Solche Anlagen ermöglichen eine flexible Verwendung ihrer Ressourcen mit verschiedenen Optimierungsmöglichkeiten hinsichtlich eines wirtschaftlichen Einsatzes, u.a. hinsichtlich des Verhaltens bei Störungen. Somit sind auf der gerätetechnischen Seite die Grundvoraussetzungen für eine flexible automatisierte Montage im Mittel- und Kleinserienbereich im wesentlichen erfüllt.

Mit der Verringerung der Seriengröße steigt die Anzahl der auf einer Anlage gefertigten unterschiedlichen Produkte und der Produktvarianten. Für alle diese Produkte und Produktvarianten müssen Montageprogramme erstellt werden. Der relative Anteil von Programmiervorgängen nimmt damit zu, proportional dazu steigen die Programmierkosten. Dieser Programmieraufwand ist aus der Sicht der Anwender ein wesentlicher Grund für die mangelnde Wirtschaftlichkeit beim Einsatz flexibler automatisierter Montageanlagen /9/. Der Aufwand zur Erstellung von Roboter-Montageprogrammen muß daher unter wirtschaftlichen Gesichtspunkten reduziert werden. Außerdem muß es in Zukunft möglich sein, einmal erstellte Montageprogramme im Rahmen eines flexiblen Anlageneinsatzes weitgehend unverändert auf andere Stationen zu übertragen. Es ist Ziel der vorliegenden Arbeit, eine entsprechende Programmiermethodik zu entwickeln.

Dazu werden zunächst Montageanlagen bezüglich ihres Aufbaus und der zu ihrer Programmierung eingesetzten Methoden untersucht. Nach einer Analyse des Stands der Technik der Programmiermethoden für Roboter bei der Montage wird die Zielsetzung der Arbeit konkretisiert.

Als Basis für die Erstellung eines Konzepts zur anwendungsorientierten Programmierung von Robotern in Montagestationen folgt eine Zusammenstellung der Anforderungen an solche Methoden und eine Analyse aller Aspekte in Montagestationen, die durch Roboterprogramme abgedeckt werden müssen. Auf dieser Grundlage wird das Konzept einer anwendungsorientierten Programmiermethodik entwickelt.

2 Montageanlagen mit Robotern - Aufbau und Programmierung

In diesem Kapitel wird zunächst eine Begriffsbestimmung von Montagesystemen und ihren Komponenten vorgenommen, sowohl hinsichtlich gerätetechnischer als auch steuerungstechnischer Aspekte. Als Schwerpunkt wird die Frage der Erstellung von Roboterprogrammen diskutiert. Nach einer Analyse des Stands der Technik wird die Zielsetzung der Arbeit konkretisiert.

Montieren ist nach VDI-Richtlinie 2860 /10/ "die Gesamtheit aller Vorgänge, die dem Zusammenbau von geometrisch bestimmten Körpern dienen." Montieren steht somit in engem Zusammenhang mit dem herzustellenden Gut, es ist produktorientiert /11/. Montieren umfaßt die Teilfunktionen

- Handhaben,
- Fügen,
- Kontrollieren.

Der Zusammenbau aus einer Vielzahl unterschiedlicher Einzelteile erfordert die Koordination einer ähnlich hohen Vielzahl von Material- und Informationskomponenten. Da die endgültige Funktionsfähigkeit und Qualität bei der Mehrzahl der Produkte erst in der Montage erreicht wird, hat sie maßgeblichen Anteil an der betrieblichen Wertschöpfung /11/.

Fügen ist nach DIN 8593 /12/ "das auf Dauer angelegte Verbinden oder sonstige Zusammenbringen von zwei oder mehr Werkstücken geometrisch bestimmter Form oder von ebensolchen Werkstücken mit formlosem Stoff. Dabei wird jeweils der Zusammenhalt örtlich geschaffen und im ganzen vermehrt." Das Fügen ist somit verfahrensorientiert und produktunabhängig /11/. Die Untergliederungen des Fertigungsverfahrens Fügen sind in Bild 2.1 dargestellt (Auswahl).

Handhaben ist nach der VDI-Richtlinie 2860 /10/ "das Schaffen, definierte Verändern oder vorübergehende Aufrechterhalten einer vorgegebenen räumlichen Anordnung von geometrisch bestimmten Körpern in einem Bezugskoordinatensystem". Als Teilfunktionen sind zu nennen

- Speichern und Weitergeben,
- Ordnen, Vereinzeln, Wenden, Schwenken und Richten,
- Bereithalten, Ein- und Ausgeben.

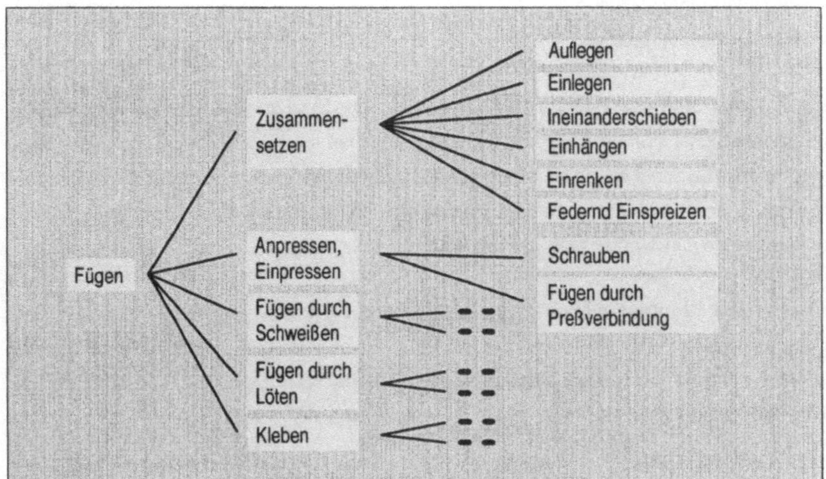

Bild 2.1: Das Fertigungsverfahren Fügen und seine Untergliederungen nach DIN 8593 (Auswahl)

2.1 Aufbau von robotergestützten Montageanlagen

2.1.1 Strukturierung von Montageanlagen

Zur Strukturierung von Anlagen der mechanischen Teilefertigung hat sich eine hierarchische Gliederung /13/ durchgesetzt, innerhalb derer bei flexiblen Fertigungsanlagen unterschieden wird zwischen

- Flexiblen Fertigungssystemen,
- Flexiblen Fertigungszellen,
- Werkzeugmaschinen.

In Analogie dazu werden hier zur Strukturierung von Montageanlagen folgende Begriffe verwendet /14 - 16/:

- Flexibles Montagesystem,
- Flexible Montagezelle,
- Flexible Montagestation.

Ein **flexibles Montagesystem** ist die Gesamtheit aller Einrichtungen, die für die Montage unterschiedlicher Produkte bestimmt sind. Im allgemeinen besteht ein flexibles Montagesystem aus mehreren flexiblen Montagezellen, die durch einen übergreifenden Materialfluß miteinander verbunden sind. Es können mehrere unterschiedliche Produkte oder Produktvarianten gleichzeitig montiert werden.

Eine **flexible Montagezelle** ist mit einer zelleninternen Werkstück- und Werkzeugversorgung ausgerüstet und umfaßt mindestens eine, im allgemeinen jedoch mehrere flexible Montagestationen, sowohl automatische als auch manuelle Stationen. Die arbeitsteilige Anordnung mit mehreren Stationen hat folgende Vorteile:

- Spezialisierung: zur Bewältigung bestimmter Teilaufgaben stehen speziell ausgerüstete Stationen zur Verfügung;
- Kapazität: mehrere Stationen erhöhen die Montagekapazität und senken die Montagezeit;
- Zuverlässigkeit: durch Redundanz auf Stationsebene (mehrere gleiche oder ersetzende Stationen) wird das Durchführungsrisiko verringert.

Ziel bei der Konzeption von Montagezellen ist die komplette Montage von Produkten. Bei entsprechender gerätetechnischer und steuerungstechnischer Auslegung ist es möglich, mehrere Produkte oder Produktvarianten zur selben Zeit auf einer Zelle zu montieren (Teilemix) /17, 7/. Eine Zelle weist einen hohen Autonomiegrad auf, also eine weitgehende Unabhängigkeit gegenüber unvorhergesehenen Ereignissen innerhalb und außerhalb der Zelle. Sie kann - sofern genügend Material und die entsprechenden Betriebsmittel zur Verfügung stehen - längere Zeit unabhängig arbeiten. Sie verfügt über einen Dispositionsspielraum und organisiert die internen Abläufe und das Zusammenwirken der Stationen innerhalb eines vorgegebenen Rahmens selbst.

Flexible Montagezellen werden in ihrer Grundstruktur nicht für ein bestimmtes konkretes Produkt ausgelegt und aufgebaut, sondern für eine bestimmte Produktklasse /17/. Im allgemeinen ist die Lebensdauer der Zelle größer als die Lebensdauer des Produkts, das anfänglich auf dieser Zelle montiert wird. Dies bedeutet, daß die Zelle so ausgelegt sein muß, daß künftige Produkte ähnlicher Art ohne grundsätzlichen Anlagenumbau montiert werden können.

Flexible Montagestationen bilden den Teil einer flexiblen Montagezelle, der die eigentlichen Montagevorgänge abwickelt. Sie verfügen über kein eigenes internes Materialflußsystem, die Ver- und Entsorgung mit Teilen, Werkzeugen und Vorrichtungen wird von der übergeordneten Zelle oder dem Montagesystem durchgeführt. Sie erhalten von der übergeordneten Organisationseinheit Montageaufträge, die sie ohne eigenen Dispositionsspielraum abarbeiten. Flexible Montagestationen können als automatisierte oder als manuelle Stationen ausgeführt sein.

Als **robotergestützte, flexible Montagestation** oder **Roboter-Montagestation** wird eine automatisierte Montagestation bezeichnet, deren Kern ein Handhabungssystem, im allgemeinen ein Industrieroboter, bildet. Durch die freie Programmierbarkeit des Handhabungssystems können unterschiedliche Produkte oder Produktvarianten durch entsprechende Steuerungsprogramme abgedeckt werden. Dies wird ergänzt durch vielseitig einsetzbare Greifer oder Greiferwechselsysteme, Montagewerkzeuge und -vorrichtungen, wodurch die Flexibilität auf gerätetechnischem Gebiet hergestellt wird.

In einer **manuellen Montagestation** wird der Zusammenbau von Teilen oder Baugruppen durch eine Arbeitsperson (Montierer) durchgeführt, der hierzu entsprechende Vorrichtungen und Werkzeuge zur Verfügung stehen.

Im weiteren sind Montagezellen von besonderem Interesse, die aus mehreren Montagestationen bestehen. Ein Beispiel für eine solche Montagezelle /3/ findet sich in <u>Bild 2.2</u>. Diese Anlage ist zur Einzel- und Kleinserienmontage ausgelegt. Sie besteht aus mehreren unterschiedlichen Montagestationen, die verschiedene Montageaufgaben und -technologien abdecken (Spezialisierung). Neben fünf robotergestützten, flexiblen Montagestationen (DR, MR, SR, MS, KR) gibt es eine manuelle Montagestation (Handarbeitsplatz: HP). Die Montagestationen sind über ein Paletten-Transfersystem verkettet. Das Transfersystem ist als Umlaufsystem (Umlaufspeicher) mit Nebenschlußstrecken organisiert, an den Nebenschlußstrecken sind die Montagestationen aufgebaut. Für zellenübergreifende Transportaufgaben ist eine Andockstation für ein FTS integriert.

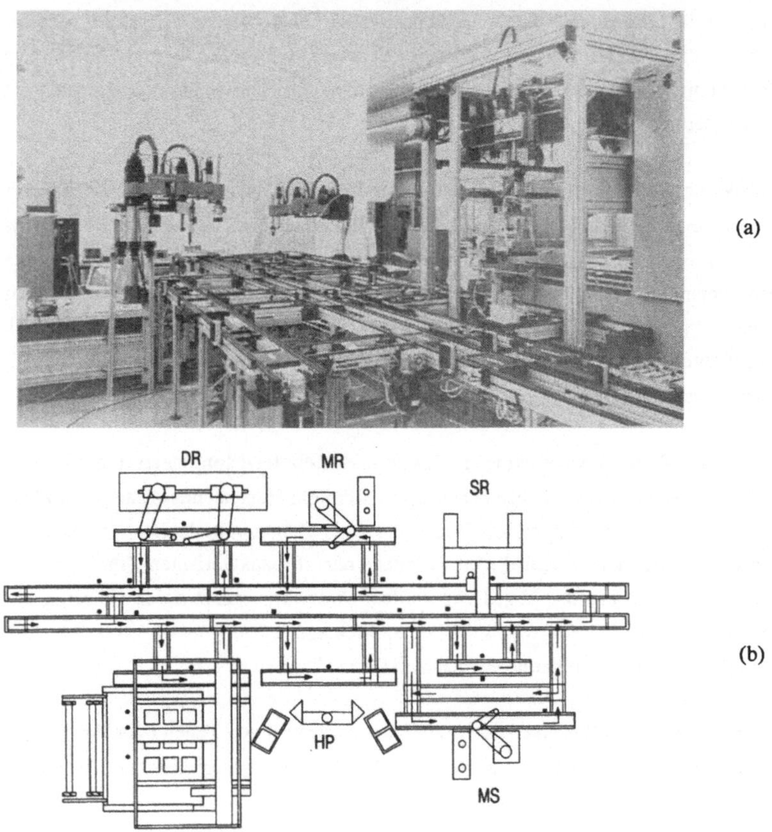

Bild 2.2: Flexible Montagezelle - Ansicht (a) und schematischer Aufbau (b)

Das Paletten-Transfersystem übernimmt sowohl den Material- als auch den Vorrichtungs- und Werkzeugtransport, die Anlage verfügt über ein einheitliches Transportsystem, das über mobile Datenträger gesteuert wird /18/. Kernstück der Anlage bildet die Füge- und Kommissionierstation (KR). Sie besteht aus einem Portalroboter, der über einem Schubladen-Regalsystem arbeitet. Dieses Regalsystem fungiert als Lager für Montagevorrichtungen (Paletten/Greifer) und Montageteile.

Montagezellen mit integrierter Kommissionierstation eignen sich besonders für die flexible Montage in kleinen Stückzahlen, im Extremfall in Losgröße 1, da aufgrund der auftragsspezifischen Teilebereitstellung in der Kommissionierstation in den einzelnen Montagestationen keine Teile bereitgestellt werden müssen und somit keine Umrüstungen von Zuführeinrichtungen im Falle von Produktwechseln notwendig sind.

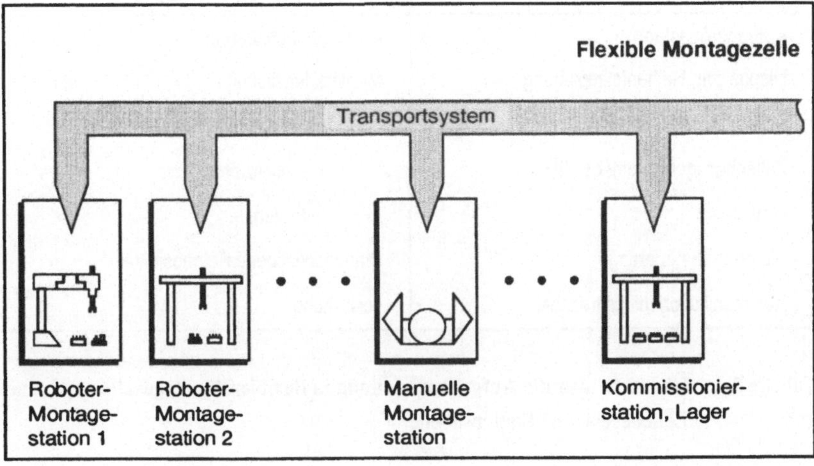

<u>Bild 2.3:</u> Prinzipieller gerätetechnischer Aufbau von flexiblen Montagezellen mit mehreren Stationen

Eine Abstraktion der Struktur der beispielhaft dargestellten Montagezelle (<u>Bild 2.2</u>) ergibt den prinzipiellen gerätetechnischen Aufbau von flexiblen Montagezellen mit mehreren Montagestationen (<u>Bild 2.3</u>). Diese Anlagenstruktur ist Grundlage der vorliegenden Arbeit.

2.1.2 Steuerungstechnische Struktur

Zunächst ist hier die Aufgabenverteilung zwischen Stationen und Zellen darzustellen. Sie orientiert sich am wesentlichen Unterscheidungsmerkmal zwischen flexibler Montagezelle und flexibler Montagestation, dem Dispositionsspielraum. Auf Zellenebene sind diejenigen Funktionen angesiedelt, die mit Montageaufträgen, der Reihenfolge ihrer Abarbeitung und der Steuerung der Abarbeitung zusammenhängen (dispositive Funktionen). Die Stationsebene ist für die eigentliche Auftragsdurchführung verantwortlich, also für die Erbringung der Montage- und Handhabungsoperationen. Eine Übersicht über die Aufgabenverteilung findet sich in Tabelle 2.1.

Aufgaben der Zellenebene	Aufgaben der Stationsebene
Auftragseinlastung	Auftragsdurchführung
Disposition, Reihenfolgeplanung	Montagefunktionen
Auftragsdurchsetzung	Handhaben, Fügen,
Zellenbezogene Betriebsmittel-	Identifizieren,
verwaltung	Prüfen, ...
Materialflußsteuerung	Stationsbezogene Betriebsmittel-
Kommunikation mit Leitrechner	verwaltung

Tabelle 2.1: Übersicht über die Aufgabenverteilung in flexiblen Montagezellen zwischen Zellenebene und Stationsebene

Diese Aufgaben werden von entsprechenden Zellensteuerungen und Stationssteuerungen abgedeckt. Die zunächst nur funktionelle Aufgabenverteilung hat im allgemeinen eine gerätetechnische Entsprechung, sie spiegelt sich in der steuerungstechnischen und kommunikationstechnischen Ausrüstung von flexiblen Montagezellen wider. Üblicherweise findet man in der Praxis einen Zellenrechner und unterlagerte Stationssteuerungen. Bei Roboter-Montagestationen bildet in den meisten Fällen die Robotersteuerung den Kern der Stationssteuerung. Diese Robotersteuerungen werden fallweise durch technologie- oder gerätespezifische Sondersteuerungen ergänzt, z.B. Steuerungen für Schraubsysteme oder Kleberauftrageinrichtungen.

Bei der Abgrenzung von flexiblen Montagezellen und flexiblen Montagestationen in Kap. 2.1 wurde deutlich, daß Stationen über kein eigenes Transportsystem verfügen, sondern daß der Materialfluß als zentrale Aufgabe der Montagezelle obliegt, die dafür entsprechende Einrichtungen aufweist, z.B. Fahrerlose Transportsysteme (FTS) oder Paletten-Transfersysteme. Diese Transporteinrichtungen verfügen ebenfalls über Steuerungen. Sie werden im folgenden hierarchisch ebenfalls der Stationsebene zugeordnet.

Zwischen Zellenebene und Stationsebene ist ein vielfältiger Datenaustausch notwendig. Stationen erhalten von der Zellenebene Montageaufträge, dazugehörige Steueranweisungen (Programme und Daten) und Rüstanweisungen, sie liefern ihrerseits Fertigmeldungen, Zustandsdaten, Qualitätsinformationen oder Fehlermeldungen (Tabelle 2.2). Dieser Datenaustausch bedarf eines Kommunikationssystems. In der Praxis findet man Fabriknetze /16/, häufiger jedoch aufgrund der Schnittstellenausrüstung marktgängiger Robotersteuerungen langsamere Punkt-zu-Punkt-Verbindungen. Ergänzend kommen in Montagezellen zunehmend werkstückbegleitende mobile Datenträger (MDT) zum Einsatz, mit denen besonders der echtzeitkritische Teil der Datenübertragung (Identifikation, Materialflußsteuerung) vorteilhaft abgewickelt werden kann /18, 6, 11/.

Zellensteuerung sendet	Stationssteuerung sendet
Montageaufträge	Fertigmeldungen
Steuerdaten (Programme, Daten)	Zustandsdaten, Fehlermeldungen
Rüstanweisungen	Qualitätsdaten

Tabelle 2.2: Übersicht über den Datenaustausch zwischen Zellensteuerung und Stationssteuerung

Den prinzipiellen steuerungstechnischen Aufbau von Montagezellen mit mehreren Montagestationen zeigt Bild 2.4. Dabei wurde ein Kommunikationssystem mit Punkt-zu-Punkt-Verbindungen zugrunde gelegt, zusammen mit einem werkstückbegleitenden Datenfluß via MDT.

Bei Montagezellen, die nur aus einer Station und mithin aus einem Roboter bestehen, kann die Funktionalität einer Zellensteuerung mit der Stationssteuerung zusammen auf einer Robotersteuerung implementiert werden. Dazu wird eine leistungsfähige Roboterzellensteuerung benötigt /19/.

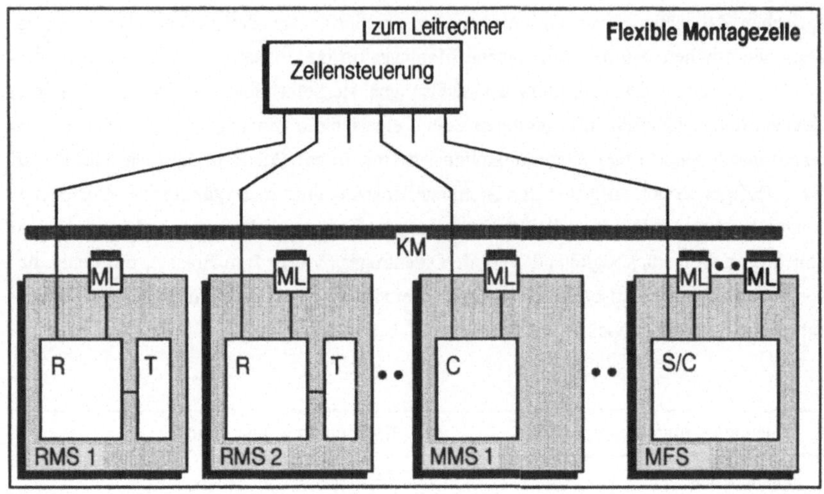

Bild 2.4: Prinzipieller steuerungstechnischer Aufbau von flexiblen Montagezellen mit mehreren Stationen

RMS:	Roboter-Montagestation
MMS:	Manuelle Montagestation
MFS:	Materialflußsteuerung
ML:	Lese-/Schreibstation für mobile Datenträger
KM:	Kommunikation über mobile Datenträger
R:	Robotersteuerung
T:	Technologiespezifische Steuerung
C:	Rechner (allgemein)
S:	SPS

2.2 Programmierung von robotergestützten Montagestationen

2.2.1 Arbeitsvorbereitung und Programmierung

Der Ausschuß für wirtschaftliche Fertigung AWF unterteilt die Arbeitsvorbereitung (AV) unter funktionalen Gesichtspunkten in 3 Hierarchiestufen /20/:

- Strategische Arbeitsvorbereitung,
- Zentrale Arbeitsvorbereitung,
- Werkstattnahe Arbeitsvorbereitung.

Stufen der AV	Produktbezogene Funktionen (Fertigungsplanung)
Strategische AV	Erzeugnisplanung
	Fabrikplanung
Zentrale AV	Verfahrens- und Investitionsplanung
	Betriebsmittelplanung
	Arbeitsablaufplanung
	Arbeitszeitplanung
	Arbeitskostenplanung
	Programmierung (zentral)
Werkstattnahe AV	Werkstattprogrammierung

Tabelle 2.3: Funktionen der Fertigungsplanung auf verschiedenen Stufen der Arbeitsvorbereitung

Diese Stufen sind jeweils unterteilt in Fertigungssteuerung (auftragsspezifisch) und Fertigungsplanung (produktspezifisch). Erstere fällt bei einer Strukturierung in CIM-Funktio-
nen dem Bereich PPS zu, letztere dem Bereich CAP (Computer Aided Planning). Der
produktspezifische Teil der Arbeitsvorbereitung umfaßt die in Tabelle 2.3 dargestellten
Funktionen. Die Erstellung von Programmen (Steueranweisungen an die Fertigungseinrichtungen) kann sowohl zentral erfolgen, als auch werkstattnah oder gar maschinenge-
bunden.

Bei der Arbeitsablaufplanung wird eine Fertigungsaufgabe in Arbeitsgänge zerlegt. Für
diese Arbeitsgänge werden Steueranweisungen erstellt, bei NC-Maschinen sind dies NC-
Programme. Arbeitsplan und NC-Programm unterscheiden sich damit durch ihren Umfang und durch den Grad der Konkretisierung. Spur schlägt in /21/ vor, den Begriff Programmierung in Zukunft wesentlich weitreichender aufzufassen, nicht nur im Sinne der
Definition von Arbeitsanweisungen an ein Robotersystem unter Verwendung einer Pro-

grammiersprache, sondern vielmehr im Sinne einer intelligenten, rechnerunterstützten Aktionsplanung. Im folgenden wird dementsprechend unter dem Begriff Programmiersystem ein kombiniertes System zur Arbeitsablaufplanung und zur Erstellung der Steueranweisungen für die Arbeitsgänge (Programme) verstanden.

2.2.2 Betriebliches Umfeld der Programmierung

Ein Programmiersystem als Träger der Arbeitsplanung (Arbeitsvorbereitung) ist in einen größeren innerbetrieblichen Informations- und Datenfluß eingebunden (Bild 2.5). Als Teil eines Ganzen kommuniziert es mit anderen Funktionsträgern. Es verwendet Daten aus anderen betrieblichen Bereichen und gibt selbst Ergebnisse weiter.

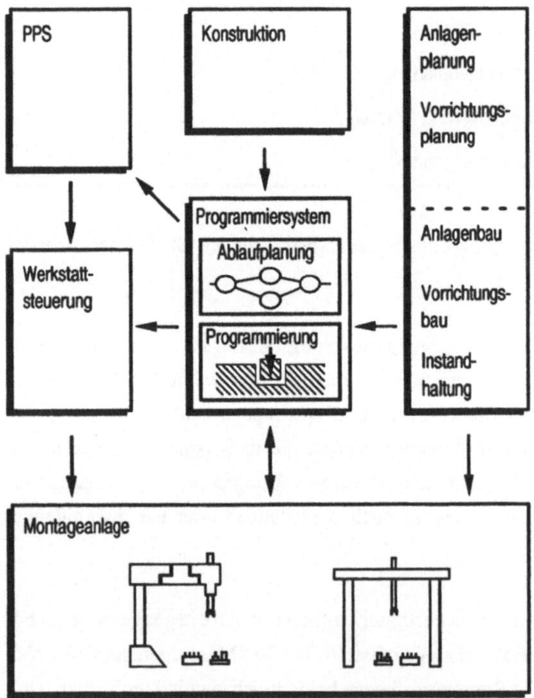

Bild 2.5: Einordnung eines Programmiersystems für Montageaufgaben in den betrieblichen Informationsfluß

Für ein Montage-Programmiersystem ist der Datenaustausch mit folgenden betrieblichen Bereichen von besonderer Wichtigkeit:

- **Konstruktion**

  In der Konstruktion wird die Geometrie der einzelnen Montageteile und die geometrische Beziehung dieser Teile zueinander festgelegt. Damit sind auch die Montageabläufe und -einzelvorgänge entscheidend bestimmt. Die Geometrieinformationen aus der Konstruktion sind zentrale Eingangsinformationen für die Programmierung.

- **Vorrichtungsplanung und -bau**

  Im Vorrichtungsbau werden teilespezifische Vorrichtungen konstruiert und gebaut. Diese Vorrichtungen halten die Montageteile während der einzelnen Prozeßschritte. Ihre Geometrie bestimmt die Montagebewegungen mit.

- **Anlagenplanung, -bau und -wartung**

  Die Anlagenplanung bestimmt die Struktur und die Kapazität von Montageanlagen. In Anlagenbau und -wartung wird die Betriebsfähigkeit der Anlage hergestellt bzw. aufrechterhalten. Informationen über den tatsächlichen Aufbau, die Ausrüstung und die technologischen Möglichkeiten der einzelnen Montagestationen beeinflussen die Programmierung.

- **PPS und Werkstattsteuerung**

  Die Funktionen PPS und Werkstattsteuerung sind - auf verschiedenen hierarchischen Ebenen - für die Organisation der Montage zuständig. Sie bestimmen die optimale Nutzung der Ressourcen. Grundlage dafür sind teilespezifische Montagearbeitspläne. Die Werkstattsteuerung ist für die anlagenzustandsabhängige Auswahl von Montageablaufalternativen oder Stationsalternativen zuständig, z.B. im Rahmen eines Störmanagements. Die Bereitstellung von Arbeitsplänen mit Alternativen ist eine Aufgabe der Montageprogrammierung. Für eine realitätsnahe Kapazitätsplanung benötigen diese Funktionen möglichst genaue Vorgabezeiten für - je nach Hierarchiestufe - Montageeinzelvorgänge oder den gesamten Montageablauf eines Teils. Diese Werte sind vom Montageprogrammiersystem zu liefern.

- **Montageanlage**

  Im Programmiersystem werden Programme erzeugt, die in der Montageanlage ausgeführt werden. Die Übermittlung der Programme an die Robotersteuerungen der Montagestationen wird über die Werkstattsteuerung und die Zellensteuerung der Montagezelle abgewickelt.

2.2.3   Unterschiede zwischen der Programmierung von Industrierobotern und der Programmierung von Werkzeugmaschinen

Obwohl auf den ersten Blick - vor allem steuerungstechnisch - prinzipiell sehr ähnlich, gibt es doch bei näherer Untersuchung deutliche Unterschiede zwischen Werkzeugmaschinen und Industrierobotern und damit zwischen den jeweiligen Programmiermethoden und -systemen.

Vor einer näheren Betrachtung sind zunächst die Benutzergruppen von Maschinen (hier Werkzeugmaschinen und Industrieroboter) bzw. der entsprechenden Steuerungen zu klären. Folgende Gruppen lassen sich unterscheiden:

- Steuerungshersteller: liefert maschinenneutrale Steuerung;
- Maschinenhersteller: paßt Steuerung an konkrete Maschine an;
- Endanwender: nutzt die Maschine für Produktionszwecke.

Industrieroboter sind als universell einsetzbare Handhabungsautomaten entworfen. Erst durch die Ausstattung mit peripheren Elementen wie Greifern oder Werkzeugen wird der Roboter auf eine bestimmte fertigungstechnische Aufgabe festgelegt. Diese Festlegung kann jederzeit durch Austausch der peripheren Elemente geändert werden - selbst durch den Endanwender des Geräts. Um die Vielfalt der potentiellen Einsatzfälle dauerhaft abdecken zu können, müssen Industrieroboter deshalb eine sehr hohe Flexibilität aufweisen, insbesondere hinsichtlich ihrer Programmierbarkeit. Es ist notwendig, daß die vom Roboterhersteller zusammen mit dem Handhabungsgerät gelieferte Robotersteuerung mit einer leistungsfähigen, allgemeinen und technologisch nicht festgelegten Anwenderprogrammiersprache ausgerüstet ist. Diese Forderungen erfüllen im besonderen Programmiersprachen auf Hochsprachenniveau. Damit ist es dem Anwender möglich, alle Aspekte einer Automatisierungslösung, insbesondere auch Aspekte der Stations- oder Zellensteuerung, zu programmieren.

Im Gegensatz zu Industrierobotern ist bei Werkzeugmaschinen die funktionale Vereinheitlichung der Maschinentypen viel weiter fortgeschritten. Es gibt ein weitgehend einheitliches Verständnis, wie bestimmte Maschinentypen aufgebaut sind, z.B. Drehmaschinen. Für den Anwender sind nur noch wenig Eingriffsmöglichkeiten gegeben, sie betref-

fen im wesentlichen die Werkzeuge, Teilespannvorrichtungen und die Bearbeitungsprogramme. Diese wenigen Schnittstellen sind meist normiert. Werkzeugmaschinen können
vom Maschinenlieferanten daher fast vollständig vorkonfiguriert werden. Die Maschinen-
peripherie liegt fest und kann im nachhinein vom Anwender kaum mehr verändert werden. Der Anwender ist ausschließlich für die Erstellung der eigentlichen Bearbeitungsprogramme verantwortlich, wofür ihm technologisch zugeschnittene und komfortable Programmiersysteme zur Verfügung gestellt werden. Die Programmiersysteme enthalten an-
wendungs- oder technologiespezifisches Wissen, genauso die Werkzeugmaschinensteue-
rungen, z.B. in Form von Bearbeitungszyklen. Der Maschinenlieferant bei Werkzeugmaschinen kann verglichen mit einem Roboterlieferanten viel weitergehende Systemintegra-
tionsaufgaben übernehmen - wenngleich solche Aufgaben zunehmend auch von Roboter-
herstellern verlangt werden.

Bild 2.6 zeigt den Aufbau einer typischen Werkzeugmaschine (hier: Drehmaschine) im
Vergleich zu einer Montagestation mit einem Industrieroboter. Bei Robotersteuerungen
gibt es nicht die deutliche Trennung zwischen Bewegungssteuerung und Anpaßsteuerung.

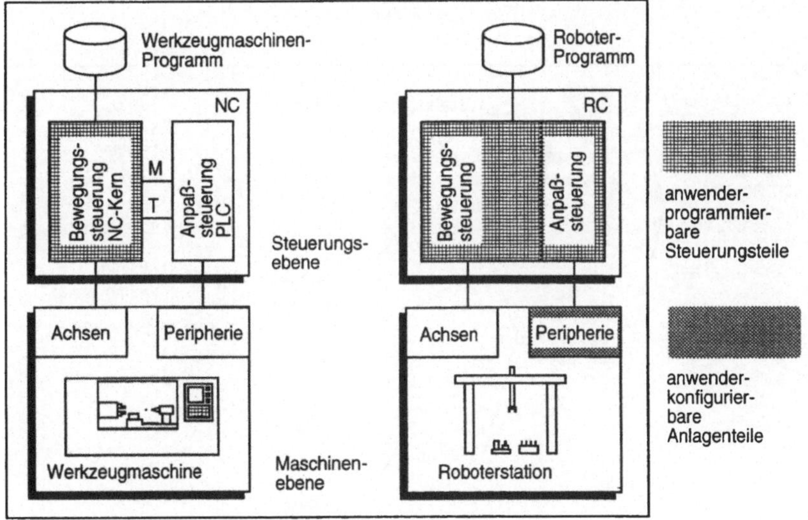

Bild 2.6: Werkzeugmaschinen und Roboterstationen - Aufbau und Möglichkeiten für
Eingriffe des Endanwenders
(M,T: maschinen- und technologieorientierte Funktionen)

Die Anpaßsteuerung ist ebenfalls vom Anwender programmierbar, zum Teil sogar in der Roboterprogrammiersprache /22/.

Eine Gliederung der bei Werkzeugmaschinen üblichen Methoden der Anwenderprogrammierung ist in <u>Bild 2.7</u> dargestellt /23, 24/.

Bei der expliziten Programmierung werden Aktionen und Bearbeitungsschritte von einem Programmierer direkt in maschinenorientierten Begriffen vorgegeben (Bearbeitungsprogramm). Diese Beschreibung verwendet häufig die Steuerungseingabesprache DIN 66025 /25/. Die implizite Programmierung hingegen ermöglicht die Beschreibung des zu fertigenden Teils (Teileprogramm) unabhängig von einer konkreten Maschine. Dieses Teileprogramm wird im allgemeinen automatisch unter Nutzung von Daten einer konkreten Maschine und konkreter Werkzeuge in ein fertiges Bearbeitungsprogramm in der Steuerungseingabesprache übersetzt.

Aufgrund der weitgehenden Standardisierung bei Werkzeugmaschinen ist es möglich, Bearbeitungsprogramme ohne Berücksichtigung des momentanen Anlagenzustands zu erstellen. Die Programmiersysteme arbeiten steuerungsfern (off line).

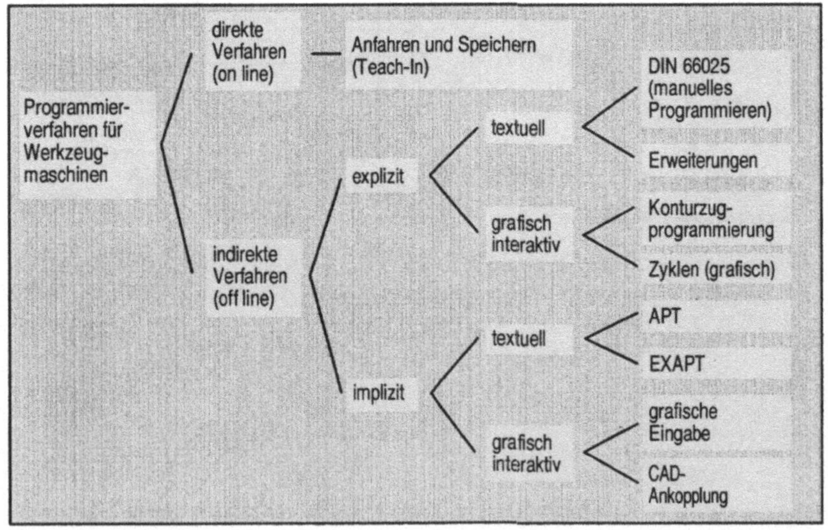

<u>Bild 2.7:</u> Gliederung der Anwenderprogrammierverfahren bei Werkzeugmaschinen

Ein entscheidender Unterschied zwischen Werkzeugmaschinen und Industrierobotern liegt somit heute in den Programmiermöglichkeiten begründet, die dem Anwender zur Verfügung gestellt werden. Programmiersysteme für Werkzeugmaschinen enthalten zusammen mit den entsprechenden Maschinensteuerungen anwendungs- oder technologiespezifisches Wissen, z.B. für die spanende Bearbeitung, sie sind somit komfortabel, technologisch stark zugeschnitten, jedoch unflexibel. Als Beispiele für dieses anwendungs- oder technologiespezifische Wissen seien hier steuerungsinterne Zyklen (z.B. Bohren mit Entspanen) oder technologieorientierte Funktionen (z.B. TURN, DRILL, MILL bei EXAPT) genannt. Bei Industrierobotern fehlen solche Systeme, die mit anwendungsspezifischem Wissen versehen sind, dort sind hingegen allgemeine, vielfältig nutzbare Programmiersysteme mit geringen technologischen Möglichkeiten üblich (Kap. 2.2.4).

Die entsprechenden anwendungsorientierten bzw. technologiespezifischen Programmiermethoden gilt es auf der Roboterseite ebenfalls zu schaffen, wobei aufgrund der strukturellen Unterschiede die aus der Fertigung mechanischer Teile (Werkzeugmaschinenbereich) bekannten Programmiermethoden nicht direkt übertragen werden können.

2.2.4 Programmierverfahren für Industrieroboter

Roboterprogrammierverfahren unterteilen sich in direkte Verfahren und indirekte Verfahren /24, 26, 21/ (Bild 2.8). Bei den direkten Verfahren wird der Roboter selbst zur Erstellung von Bewegungsprogrammen herangezogen. Vorteil der direkten Verfahren ist die einfache Definition von Bewegungszielen, nicht möglich ist die Formulierung eines logischen Programmgerüsts.

Bei den indirekten Verfahren wird der Roboter selbst zur Programmierung nicht benötigt, sie arbeiten off line. Diese Verfahren werden analog zu den Gegebenheiten bei der Programmierung numerischer Steuerungen gemäß der Art der Aktionsvorgabe unterschieden in explizite Programmierung und implizite Programmierung.

Bei der expliziten Programmierung werden die auszuführenden Aktionen direkt in der Roboterprogrammiersprache vorgegeben. Das technologiebezogene Problemlösungswissen muß vom Anwendungsprogrammierer selbst eingebracht werden. Die explizite Programmierung ist daher technologisch nicht eingeschränkt und flexibel zu nutzen, sie bietet aber nur einen geringen anwendungsspezifischen Programmierkomfort.

Die explizite Programmierung ist in Form der textuellen Programmierung das in der Praxis am häufigsten eingesetzte Programmierverfahren, die Sprachen ähneln Standard-Hochsprachen wie PASCAL oder BASIC. Industriell werden Systeme angeboten wie z.B. AML /27/, BAPS /28/, FA-BASIC /29/, KAREL, PDL2 /30/, SRCL /31/ oder VAL /32/. Im Gegensatz zu numerischen Steuerungen existiert bei Robotersteuerungen kein weitverbreiteter Sprachstandard, die angebotenen Systeme sind alle weitgehend firmenspezifisch. Mit der Sprache IRL (Industrial Robot Language) liegt allerdings eine deutsche Norm vor /33, 34/.

Bild 2.9 zeigt den Datenfluß und Schnittstellen bei der Programmierung von Robotern am Beispiel der Roboterprogrammiersprache IRL (Industrial Robot Language /35/) und des Steuerungscodes IRDATA (Industrial Robot Data: Normentwurf /36/) /37/. Das Zusammenwirken der unterschiedlichen Programmierverfahren ist ebenfalls dargestellt. Die Unterscheidung in Roboterprogrammiersprache und Steuerungscode ist häufig anzutreffen /34/, wenn auch nicht immer direkt erkennbar. Beide Sprachebenen können fallweise als Steuerungseingabesprache betrachtet werden.

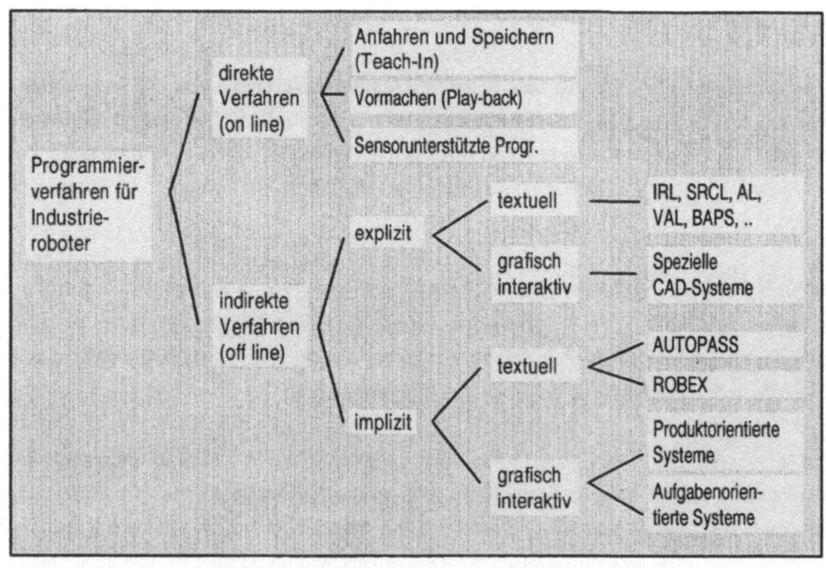

Bild 2.8: Gliederung der Anwenderprogrammierverfahren bei Industrierobotern /nach 24/

Während explizite Roboterprogrammierverfahren eher maschinenorientiert sind, d.h. sich an den Möglichkeiten und Erfordernissen des Geräts Roboter orientieren, sind implizite Verfahren an den Bedürfnissen des Anwenders orientiert. Damit stehen Gesichtspunkte der mit dem Roboter zu lösenden fertigungstechnischen Aufgabe im Vordergrund. Die vom Roboter durchzuführenden Aktionen oder Bewegungen werden rechnerunterstützt aus den anwendungsorientierten Vorgaben abgeleitet.

Implizite Programmierverfahren basieren auf im Programmiersystem vorliegendem Problemlösungswissen. Dieses Wissen beschreibt das Umfeld der Fertigungsaufgabe, es ist

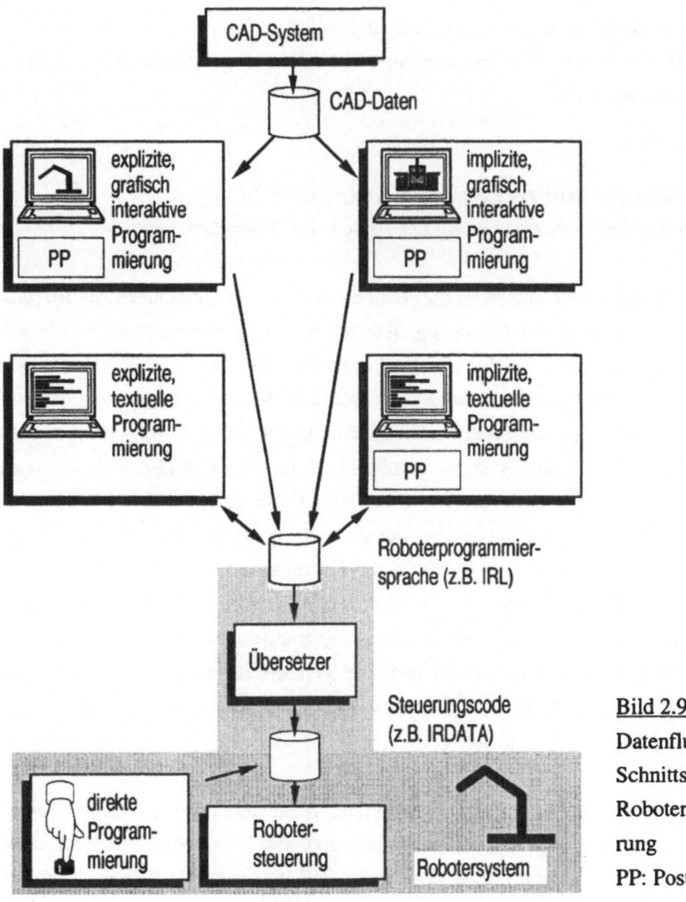

Bild 2.9:
Datenfluß und Schnittstellen bei der Roboterprogrammierung
PP: Postprocessor

deshalb stark abhängig von der mit Robotern zu lösenden Aufgabenklasse. Implizite Programmierverfahren sind daher immer technologiespezifisch oder aufgabenorientiert.

Aus pragmatischen Überlegungen heraus hat sich innerhalb der impliziten Programmierverfahren eine Untergruppe der produktorientierten Verfahren herausgebildet, bei denen die vollen impliziten Fähigkeiten der vollautomatischen Programmgenerierung zugunsten einer einfacheren Handhabung und einer besseren Einbindung vorhandener Schnittstellen eingeschränkt sind.

Eine einschneidende Senkung des Programmieraufwands ist nur über implizit arbeitende Programmiersysteme möglich, da hierbei auf formalisiertem Vorwissen aufgebaut werden kann. Aus diesem Grund wird im weiteren das Augenmerk auf implizite Programmierverfahren gerichtet, die durch anwendungsorientierte Arbeitsweise den höchsten Programmierkomfort erwarten lassen.

2.2.5 Anwendungsorientierte Programmierung für die Montage: Stand der Technik, Zielsetzung der Arbeit und Vorgehensweise

Die Schaffung komfortabler anwendungsorientierter Programmiermethoden für Roboter ist seit langem Gegenstand der Forschung. Bereits in den siebziger Jahren wurde mit AUTOPASS /38/ ein weitreichendes System vorgestellt, das die Programmierung von Montageaufgaben mit aufgabenbezogenen Begriffen anstelle von roboterbezogenen Bewegungen erlaubt. Die Sprache orientiert sich an herkömmlichen Anweisungen für die manuelle Montage. Bereits damals wurde die zentrale Rolle einer Datenbasis, die die reale Welt widerspiegelt, für eine automatische Generierung von ablauffähigen Programmen erkannt. Dieses sogenannte Weltmodell umfaßt geometrische Informationen wie die Gestalt der Werkstücke und ihre Lage, physikalische Informationen über Teileeigenschaften und Angaben über Teilebeziehungen. Auf der Grundlage dieses Weltmodells werden fertige Programme in einer expliziten Roboterprogrammiersprache erzeugt. Ebenfalls noch in den siebziger Jahren wurden vergleichbare Systeme entwickelt, z.B. LAMA /39/ oder RAPT /40/, das auf APT aufbaut. Auch später noch wurden ähnliche Systeme vorgestellt /41, 42/.

Diese Programmiersysteme arbeiten aufgabenorientiert mit montagespezifischen Begriffen (task level programming). Die Anweisungen und das Weltmodell werden textuell formuliert, es handelt sich somit um textuelle implizite Programmierverfahren für Montageaufgaben. Nachteilig ist die sehr aufwendige und wenig benutzerfreundliche textuelle Eingabe.

Als in den achtziger Jahren ausreichende Rechenleistung zur Verfügung stand, wurden grafisch interaktive implizite Programmiersysteme entwickelt, mit denen die Definition des geometrischen Teils des Weltmodells und sonstige Eingaben im Planungsteil sehr viel einfacher und komfortabler möglich sind. Beispiele sind die Systeme RALPH /43/, GRIPS /44/, ROSI mit Trajektorienentwurfseditor /45/ oder ein System des IPK Berlin /46/. Die grafisch interaktive Eingabe hat deutliche Vorteile hinsichtlich der Benutzerfreundlichkeit.

Stand der Technik ist eine Durchgängigkeit der Programmiersysteme von der Ablaufplanung (Produktorientierte Sicht) über einzelne Montageschritte (Teileorientierte Sicht) bis hin zu Teilverrichtungen (Elementaroperationen) und einzelnen Bewegungsbefehlen für den Roboter. Solche Gliederungen findet man bei vielen Systemen /47 - 54/. Aufgrund der unterschiedlichen Schwerpunkte der einzelnen Systeme werden jedoch unterschiedliche Ansätze zur Untergliederung verwendet.

In /53/ wird eine detailliert ausgearbeitete Systematik bezüglich der hierarchischen Gliederung von Funktionen in Montagezellen beschrieben, auch mit Funktionen zur Störungsbehandlung. Es wird ein durchgängiges System bis hin zur Steuerungsebene dargestellt. Der Schwerpunkt der Arbeit liegt auf dem Aufbau von standardisierter Zellensteuerungssoftware, die Frage der Programmerzeugung für Roboterstationen wird konzeptionell angedeutet, eine Möglichkeit zur konkreten Umsetzung wird jedoch nicht dargestellt.

In den Arbeiten /55/ und /51/ werden Montageaufgaben, Montageanlagen und die Arbeit eines Montageplaners detailliert modelliert mit dem Ziel der Schaffung eines durchgängigen Planungs- und Programmiersystems. Der Schwerpunkt der Arbeiten liegt jedoch bei der Konzeption von Planungssystemen, Fragen der eigentlichen Programmerstellung und der Organisation der Programme auf Einzelsteuerungsebene werden nur gestreift.

Moderne Systeme arbeiten häufig wissensbasiert mit KI-Methoden ("Künstliche Intelligenz"), z.B. das System AUTOFIX /48/ zum automatischen Vorrichtungsbau, das mit einer sogenannten Blackboard-Architektur arbeitet, regelbasierte Systeme /50, 56, 57/ oder Systeme, die verschiedene Methoden kombinieren /58, 46/. Die Arbeitsweise ist aufgrund der Verwendung der angeführten Methoden nicht algorithmisch nachvollziehbar. Mit diesen Methoden ist allerdings - die entsprechenden Wissenselemente und Verarbeitungsvorschriften vorausgesetzt - ein günstigeres Verhalten in Fehlersituationen realisierbar /59/.

Einige Programmiersysteme sind objektorientiert aufgebaut, z.B. WADE /60/, das die objektorientierte Experimentalsprache AML/X verwendet, oder OSIRIS /61/, das auf SMALLTALK-80 basiert. OSIRIS erzeugt IRDATA-Steuerungscode, es ist allerdings nur für Handhabungsaufgaben und nur für bereits bestehende und definierte Teile geeignet und weniger für eine reale Montage, bei der ständig neue Werkstücke auftreten, da Werkstückbeschreibungen, die in diesem System eine zentrale Rolle einnehmen, von einem Systemprogrammierer in der objektorientierten Sprache erstellt werden müssen. Dieses System bietet daher hinsichtlich der Erstellung der Aufgabenbeschreibung einen geringen anwendungsspezifischen Komfort.

Die bekannten Systeme lassen sich nach dem Grad der Automatisierung der Planungstätigkeiten unterscheiden in automatische Aktionsplanungssysteme und in Systeme mit Rechnerunterstützung. Die Systeme mit Rechnerunterstützung sind bei weitem in der Mehrzahl, sie ermöglichen eine rechnergeführte, jedoch letzlich vom Bediener bestimmte Planung. Automatische Planungsfunktionen sind nur in Teilbereichen realisiert, z.B. bei der automatischen Generierung von Vorranggraphen /62, 63/, automatische Greifplanung /64, 65/ oder Bahnplanungsfunktionen zur automatischen Erzeugung kollisionsfreier Bewegungsbahnen /66, 67/. Nach /55/ ist nicht absehbar, ob die Komplexität der Aktionsplanung über solche Einzelbeispiele hinaus ohne Benutzereingriffe beherrschbar wird. In /68/ wird den Arbeiten hinsichtlich der Aktionsplanung ein eher akademischer Charakter bescheinigt. Dies legt eine Vorgehensweise zur Programmerstellung nahe, bei der der Mensch im Mittelpunkt steht /69, 51/, wobei er durch komfortable rechnerbasierte Hilfsmittel unterstützt wird (Werkzeugcharakter).

Einen deutlich praxisnäheren Charakter haben implizite Programmiersysteme, die sich mit klar abgegrenzten und überschaubaren fertigungstechnischen Problemstellungen beschäftigen, z.B. ein System zur robotergestützten Erstellung von Kabelbäumen /70, 71/, ein Programmiersystem zur Fertigung von Rohrknoten /72/ oder das Programmiersystem Technowindows zur Leiterplattenbestückung mit Robotern /73, 74/. Bei allen diesen Systemen handelt es sich um anwendungsorientierte oder produktorientierte Verfahren, bei denen, wie oben erwähnt, die vollen impliziten Fähigkeiten der vollautomatischen Programmgenerierung zugunsten einer einfacheren Handhabung und einer besseren Einbindung vorhandener Schnittstellen eingeschränkt sind. Sie behandeln Spezialaufgaben aus dem breiten Feld der gesamten Montage. Diese Einschränkung fördert die Realisierbarkeit.

Die bekannten Programmiersysteme unterscheiden sich hinsichtlich der Schnittstelle zu den Robotersteuerungen, die die eigentlichen Montageoperationen durchführen. Bei vielen Systemen werden aus der Aufgabenbeschreibung unter Nutzung systeminternen Wissens komplette Montageprogramme in der Steuerungseingabesprache erzeugt, zur Robotersteuerung übertragen und dort zur Ausführung gebracht /38 - 40, 42, 45, 46, 48, 51, 52, 56, 61, 72 - 74/. Das Programmiersystem arbeitet vollständig off line. Die Zerlegung der aufgabenorientierten Anweisungen in roboterspezifische Begriffe wird unabhängig von der Montageanlage vorgenommen, deshalb wird diese erste Variante hier als Off-line-Dekomposition bezeichnet. Es werden exakte Daten über den zur Laufzeit zu erwartenden Anlagenzustand benötigt, um korrekte, lauffähige Programme erzeugen zu können. Abweichungen zur Laufzeit, wie z.B. Aufspannfehler oder Änderungen in der Zellenbelegung (Teilezuführung), können ohne spezielle, im Einzelfall zu treffende Vorkehrungen nicht berücksichtigt werden, die Montageanlage weist einen geringen Autonomiegrad auf. Für die Schnittstelle zur Robotersteuerung genügt die bekannte DNC-Funktionalität /26/ mit Programm-/Dateitransfer. Die Programmerzeugung ist stationsspezifisch, bei einer Verlagerung einer Montageaufgabe auf eine andere Station muß deshalb ein neues Programm generiert werden. Eine solche Möglichkeit zur Aufgabenverlagerung ist in flexiblen Anlagen im Sinne einer optimalen Anlagenauslastung und im Rahmen eines Störmanagements notwendig.

Bei der zweiten Variante hat das Programmiersystem zusätzlich eine Ausführungskomponente. Dabei wird die Aufgabenbeschreibung oder eine aus ihr abgeleitete Darstellung zur Laufzeit ausgewertet, daraus werden Roboter-Einzelbewegungen erzeugt, die unmittelbar einzeln an die Robotersteuerung zur Ausführung übergeben werden /58, 50/. Diese Variante wird hier als On-line-Dekomposition bezeichnet. Das Ausführungssystem kann dabei durch Nutzung aktuellen Wissens unmittelbar auf Abweichungen oder Fehler im Ablauf reagieren. Die Anlage weist einen hohen Autonomiegrad auf, die Gefahr einer Abweichung des Weltmodells vom tatsächlichen Anlagenzustand ist deutlich verringert. Die Robotersteuerung degeneriert zu einer reinen Bewegungssteuerung für Einzelsätze, für die Ablaufsteuerung wird ein separates, leistungsfähiges Rechnersystem benötigt, auf dem letztlich auch die Ein-/Ausgangssignale zur Montagestationsperipherie verarbeitet werden müssen. Es ergibt sich eine neue, in herkömmlichen Robotersteuerungen nicht vorgesehene Schnittstelle zum Direktbetrieb, die in etwa dem ursprünglichen DNC-Begriff entspricht (direkte Ausführung von Einzelsätzen). Dies bedeutet, daß die seit langem üblichen Eigenschaften von Robotersteuerungen wie Programmierbarkeit mit expliziten Anwenderprogrammiersprachen nicht genutzt werden. Die marktgängigen Steuerungen sind für diesen Einsatzfall nicht ausgelegt. Es ergeben sich zentralisierte Steuerungsstrukturen, die dem Trend zu autonomen Fertigungseinrichtungen (Dezentralisierung) zuwiderlaufen. Damit verbunden ist die Notwendigkeit, eine solche Art der Programmierung sofort als Ganzes einzuführen, es ist nicht möglich, von Bewährtem ausgehend diese Methode schrittweise umzusetzen.

Aus dieser Betrachtung wird ersichtlich, daß dem Weltmodell (Anlagenzustand u.a.), seinem Aufbau, seiner Auswertung und seiner Aktualisierung bei impliziten Programmiersystemen eine besondere Bedeutung zukommt. Ein umfassendes Weltmodell enthält die vollständige Beschreibung aller am Montageprozeß beteiligten Gegenstände, Geräte und Teile hinsichtlich ihrer Gestalt, Lage und Funktion, ihrer physikalischen Eigenschaften und ihrer Beziehung zueinander, geometrisch wie funktionell. Ein solches umfassendes Weltmodell ist schwierig zu konzipieren, zu erstellen, zu pflegen und konsistent zu halten, besonders bei manuellen Eingriffen. Diese Tätigkeiten können einem Benutzer in der Fertigung oder Fertigungsvorbereitung nicht abverlangt werden, sie sind nicht praxisgerecht.

Insgesamt ist festzustellen, daß implizite Programmierverfahren mit Ausnahme produkt- oder anwendungsorientierter Systeme keinen Eingang in die industrielle Praxis gefunden haben. Ursache dafür ist der Einsatz von Methoden und Strukturen, die für das in der Montage beschäftigte Personal ungeeignet sind und die mit marktgängigen Systemen nicht abgedeckt werden können. Die Abhilfe muß in der Schaffung praxisnaher Methoden und Verfahrensweisen zur impliziten Programmierung liegen, wobei die prinzipiellen Vorteile so weit wie möglich beibehalten werden sollten.

Die Analyse des Stands der Technik der anwendungsorientierten Programmierung für Montageaufgaben kann wie folgt zusammengefaßt werden:

- Die grafisch interaktive Programmierung ist hinsichtlich dem Benutzerkomfort der textuellen Programmierung vorzuziehen, sie erfordert aber einen höheren Systemaufwand.

- Die Durchgängigkeit der Programmerstellung von der Planungsebene bis zur Steuerungsebene und damit eine Verfeinerung von anwendungsorientierten Anweisungen zu einzelnen Roboterbewegungen hat sich bewährt.

- Wissensbasierte Methoden (KI) reduzieren die Durchschaubarkeit der Arbeitsweise des Programmiersystems.

- Eine automatische Aktionsplanung ist nur in Teilbereichen gezeigt worden, erfolgversprechender sind Programmiersysteme, bei denen der Mensch im Mittelpunkt steht und weitreichende Rechnerunterstützung erhält.

- Bei den meisten anwendungsorientierten Programmiersystemen werden off line fertige Roboterprogramme erzeugt. Dies bedeutet, daß zum Zeitpunkt der Programmerstellung ein späterer Anlagenzustand angenommen werden muß. Weicht der Zustand zur Ausführungszeit davon ab, so ist das Programm nicht ausführbar. Roboterprogramme, die auf diese Weise erzeugt werden, führen zu einem geringen Autonomiegrad und sind nicht zwischen Stationen übertragbar.

- Programmiersysteme, bei denen die anwendungsorientierten Vorgaben zur Laufzeit in Roboteraktionen umgesetzt werden, arbeiten mit Steuerungsstrukturen und mit Schnittstellen, die bei marktgängigen Steuerungen nicht realisierbar bzw. unerwünscht sind. Es fehlen Systeme, die diese Umsetzung zur Laufzeit durchführen und die dabei mit marktgängigen Steuerungen auskommen.

Vor diesem Hintergrund ergibt sich für die vorliegende Arbeit folgende **Zielsetzung**:

Es soll eine Programmiermethodik entwickelt werden, die die Erstellung von Montageprogrammen für robotergestützte flexible Montagestationen vereinfacht. Die Montage von Kleinteilen, z.B. aus der Feinmechanik oder der Elektrotechnik, in kleinen Stückzahlen mit einem daraus resultierenden hohen Anteil von Programmiervorgängen und ständig wechselnder Anlagenbelegung steht als Zielanwendung dabei im Mittelpunkt.

Die Programmiermethodik soll folgenden Zielvorgaben genügen:

- Programmierung mit anwendungsbezogenen Begriffen,
- Durchgängigkeit von Montageplanung, Programmierung und Durchführung,
- Erstellung von Programmen, die einen hohen Autonomiegrad aufweisen und die übertragbar sind,
- Aufsetzen auf bestehende Strukturen, Programmiermethoden und Geräte,
- Möglichkeit zur schrittweisen Einführung.

Der Schwerpunkt der Arbeit liegt auf den Fragen der Programmerzeugung und -abarbeitung, der Verteilung der Funktionseinheiten (off line, on line), der Umsetzung der anwendungsorientierten Vorgaben und der Programmorganisation auf Stationsebene. Ziel ist

keine vollautomatische Programmerstellung, sondern eine Arbeitsweise mit Rechnerunterstützung.

Dazu sind zunächst die Anforderungen an eine solche Programmiermethodik zu konkreti-
sieren, danach werden die für die fraglichen Einsatzfälle verwendeten Montagestationen
nach ihrem Aufbau und ihrer Funktion untersucht und systematisiert. Diese Anlagen- und
Aufgabensystematik bildet die Grundlage für die Programmiermethodik.

3 Anforderungen an eine anwendergerechte Programmierung für Montageaufgaben

Die in der Aufgabenstellung der Arbeit vorgegebenen Ziele für die Programmiermethodik werden in diesem Kapitel in konkrete Anforderungen gefaßt, sie werden unterteilt in die Aspekte

- Programmerstellung,
- Programmübertragung, innerbetriebliche Schnittstellen,
- Programmausführung,
- allgemeine Forderungen.

3.1 Anforderungen bezüglich der Programmerstellung

Effizienz

Die Effizienz steht bei der Erstellung von Montageprogrammen im Mittelpunkt der Forderungen. Gefordert ist die einfache, komfortable (benutzerfreundliche) und schnelle Erstellung korrekter Programme, möglichst ohne direkte Nutzung der Anlage zum Zwecke der Programmierung.

Flexibilität

Die Bandbreite der mit einem Programmiersystem zu bearbeitenden Problemstellungen sollte möglichst groß sein.

Wiederverwendung bereits erstellter Programmteile

Bereits erstellte Programmteile müssen wiederverwendet werden können.

Anlagenunabhängige Programme

Es ist wichtig, daß die erzeugten Montageprogramme weitgehend anlagenunabhängig sind, daß sie also ohne aufwendige Modifikationen an andere Montagestationen angepaßt werden können. Diese Forderung ist besonders für einen flexiblen Anlageneinsatz und für das Störmanagement entscheidend. Dadurch werden neue Möglichkeiten hinsichtlich der Umplanung bei Anlagenstörungen eröffnet.

- Verbergen von Anlagenspezifika

  Aufgabe des Anwendungsprogrammierers bei der Montage ist die Erstellung einer Handlungsvorschrift, mit der Bauteile zu einem Produkt zusammengebaut werden können. Seine Denkweise ist teile-, produkt- bzw. verfahrensorientiert; spezielle anlagenspezifische Gesichtspunkte sind für ihn uninteressant. Bei Vorgabe der Montagevorschrift mit anwendungsbezogenen Begriffen (implizite Programmierung) kann das spezielle Anlagenwissen gegenüber dem Anwendungsprogrammierer verborgen bleiben.

- Unterschiedliche Steuerungseingabesprachen

  Bestehende Montageanlagen sind im allgemeinen durch einen Mix von Geräten unterschiedlicher Hersteller und damit durch mehrere in einer Anlage vertretene Programmiersprachen gekennzeichnet. Daher müssen vom Programmiersystem unterschiedliche Steuerungseingabesprachen abgedeckt und die unterschiedliche Leistungsfähigkeit der Steuerungen bezüglich der Programmiermöglichkeiten berücksichtigt werden.

3.2 Anforderungen bezüglich der Programmübertragung und bezüglich innerbetrieblicher Schnittstellen

Programmübertragung per werkstückbegleitendem Datenfluß

Es werden zunehmend Steuerungssysteme auf der Basis werkstückbegleitender mobiler Datenträger (MDT) eingesetzt /18/. Hauptaufgabe der Datenträger ist das werkstückbegleitende Mitführen der wichtigsten zum Abarbeiten des Montageauftrags notwendigen organisatorischen und technischen Daten. Die Programmiermethodik muß in der Lage sein, Montageprogramme oder Aufgabenbeschreibungen zu liefern, die mittels werkstückbegleitender Datenträger übertragen werden können.

Schnittstellen zu anderen betrieblichen Funktionen

In Kap. 2.2 wurde das betriebliche Umfeld eines montageorientierten Programmiersystems beschrieben. Zum Datenaustausch mit diesen Funktionen sind entsprechende Schnittstellen im Programmiersystem notwendig. Diese Schnittstellen sind in Tabelle 3.1 zusammengefasst.

Schnittstelle zu	Inhalt	bevorzugte Form
Konstruktion	Geometrie der Montageteile	CAD-Daten
Anlagenplanung, -bau und -wartung	Anlagenaufbau Anlagenausrüstung Stationsfähigkeiten	CAD-Daten, Listen Listen Listen
Vorrichtungs- planung und -bau	Vorrichtungsgeometrie	CAD-Daten
PPS, Werkstatt- steuerung	Montagepläne mit Vorgabezeiten	Listen
Montageanlage	Montageprogramme	Roboterprogramme Anweisungslisten

Tabelle 3.1: Schnittstellen zwischen Programmiersystem und anderen betrieblichen Funktionen

3.3 Anforderungen bezüglich der Programmausführung

Bei flexiblen Montageanlagen, insbesondere bei solchen, die im Teilemix arbeiten, kann der zur Ausführungszeit vorliegende Anlagenzustand zur Programmierzeit nicht vorhergesagt werden. Zu den nicht vorhersehbaren Zuständen gehören z.B. die Belegung von Teilezuführungen oder Werkzeugmagazinen. Diese Zustände müssen zur Laufzeit ausgewertet werden, das Montageprogramm darf keine diesbezüglichen festen Vorgaben enthalten.

Hoher Autonomiegrad

Das Programmierverfahren muß einen hohen Autonomiegrad für Roboter-Montagestationen gewährleisten, d.h. der Montageanlage muß ein möglichst großer Freiraum eingeräumt werden, die Anwenderprogramme entsprechend dem vom Anwendungsprogrammierer vorgegebenen Ziel sinngemäß durchzuführen. Anwendungsorientierte Vorgaben, die zur Laufzeit in der Stationssteuerung unter Nutzung aktueller Anlagenzustandsdaten in Roboteraktionen umgesetzt werden, tragen entscheidend dazu bei.

Unterstützung von Ausweichstrategien, Störmanagement

Abweichungen von einem angenommenen Idealzustand führen im Automatikbetrieb häufig zu Anlagenfehlfunktionen oder zum Abbruch von Montageaufgaben. Die Montagestation kann auf Fehlzustände reagieren, wenn ihr der Sinn von Aktionen bekannt ist und das Ziel durch On-line-Umplanung oder Umgehungsmaßnahmen dennoch erreicht werden kann. Auch für diesen Zweck sind aufgabenorientierte Vorgaben und selbständige Reaktionen auf Anlagenzustandsabweichungen durch Entscheidungen vor Ort zur Laufzeit notwendig. Die Verwendung aktueller Zustandsdaten zur Laufzeit fördert solche Ausweichstrategien und vereinfacht das Störmanagement.

Effizienz der Programmausführung

Die erstellten Montageprogramme müssen so gestaltet sein, daß sie zur Laufzeit ohne Verzögerungen in Aktionen der Roboterstation umgesetzt werden können.

Eignung für Produktmix

Flexible Montageanlagen sind für die Montage in kleinen Serien, im Extremfall mit Losgröße 1, ausgelegt. Dies bedeutet, daß im allgemeinen die Montageprodukte ständig wechseln und daß zu einem Zeitpunkt unterschiedliche Produkte montiert werden (Produktmix). Die Montageprogramme müssen für diesen Mix vorbereitet sein.

3.4   Allgemeine Anforderungen

Zusätzlich zu den oben angeführten zuordenbaren Forderungen gelten folgende allgemeine Forderungen an die Programmiermethodik:

Abdeckung aller Phasen des Planungs-/Programmierprozesses

Der Ablauf des Planungs-/Programmierprozesses bis hin zu einem fertigen Montageprogramm erstreckt sich über verschiedene Stufen, von einer groben Montageablaufplanung, bei der das gesamte Produkt im Vordergrund steht (produktorientierte Sicht), über eine Zerlegung in einzelne teileorientierte Vorgänge (teileorientierte Sicht) bis hin zu einer Parametrierung verfahrensorientierter Abläufe. Das Programmiersystem muß alle Tätigkeiten bzw. Phasen dieses Planungs-/Programmierprozesses unterstützen. Dabei sind keine automatischen Funktionen notwendig, wichtig ist jedoch eine rechnerunterstützte Vorgehensweise. Es sind nur diejenigen Funktionen zu automatisieren, bei denen sich klare wirtschaftliche Vorteile ergeben.

Durchgängigkeit

Das montageorientierte Programmiersystem muß die Durchgängigkeit des Datenflusses zwischen allen Phasen des Planungs-/Programmierprozesses gewährleisten. Eine Einbindung in übergreifende betriebliche Informationssysteme muß möglich sein.

Schrittweise Einführung

Die Akzeptanz von Automatisierungssystemen steigt beim betrieblichen Nutzer erfahrungsgemäß, wenn er sich allmählich oder schrittweise mit einer neuen Technik vertraut machen kann. Der Anwender darf nicht gezwungen werden, sofort auf eine völlig neue Vorgehensweise zur Programmerstellung einzuschwenken, er sollte vielmehr beginnend auf der Basis bekannter Methoden (Roboterprogrammiersprachen) schrittweise komfortablere, aufeinander aufbauende Programmierhilfsmittel angeboten bekommen, bis hin zu einem impliziten, grafisch interaktiven Programmiersystem.

Einbeziehung von Handarbeitsplätzen

Montageanlagen sind häufig durch einen Mix von manuellen und automatisierten Montagestationen gekennzeichnet. An manuellen Montagestationen werden die Montagearbeiten verrichtet, die nicht wirtschaftlich automatisiert werden können /75/. Dies sind häufig Arbeiten, die spezieller Fähigkeiten des Menschen bedürfen, z.B. sensorisches Geschick, oder die nur schwer formalisierbar sind. Im Zuge der Erstellung der Montageanweisungen müssen im Programmiersystem außer für die automatisierten Montagestationen auch Anweisungen für manuelle Montagestationen erstellt werden können.

Aufsetzen auf bestehende Strukturen und Geräte

Mit marktgängigen Robotersteuerungen stehen leistungsfähige und in der Praxis bewährte Automatisierungskomponenten zur Verfügung, viele flexible Montageanlagen sind damit ausgerüstet. Diese Steuerungen sind so ausgelegt, daß sie vom Montage- und Wartungspersonal beherrscht werden können. Die Programmiermethodik ist so zu gestalten, daß sie auf den bestehenden Robotersteuerungen, ihren Programmierverfahren und ihren Schnittstellen aufbaut.

3.5 Zusammenfassung der Anforderungen

In Tabelle 3.2 findet sich eine Zusammenfassung der Anforderungen an anwendergerechte Programmiermethoden für Montageaufgaben.

Anforderungen bezüglich der Programmerstellung

- Effizienz der Programmerstellung, Programmierkomfort
 	
- Flexibilität
 	
- Wiederverwendung bereits erstellter Programmteile
 	
- Anlagenunabhängige Programme
 	
  - Verbergen von Anlagenspezifika, Austauschbarkeit von Programmen
 	
  - Unterschiedliche Steuerungseingabesprachen

Anforderungen bezüglich Programmübertragung und Schnittstellen
- Programmübertragung per werkstückbegleitendem Datenfluß - Schnittstellen zu anderen betrieblichen Funktionen
Anforderungen bezüglich der Programmausführung
- Hoher Autonomiegrad - Unterstützung von Ausweichstrategien, Störmanagement - Effizienz der Programmausführung - Eignung für Produktmix
Allgemeine Anforderungen
- Abdeckung aller Phasen des Planungs-/Programmierprozesses - Durchgängigkeit - Schrittweise Einführung - Einbeziehung von Handarbeitsplätzen - Aufsetzen auf bestehende Strukturen und Geräte

<u>Tabelle 3.2:</u>   Anforderungen an anwendergerechte Programmiermethoden für Montage-
aufgaben

4 Analyse von Roboter-Montagestationen

Im folgenden Kapitel werden Roboter-Montagestationen unter folgenden Gesichtspunkten analysiert:

- Aufgaben,
- Aufbau, Komponenten,
- Organisatorische Abläufe,
- Technologische Abläufe bei der Montage.

Diese Analyse dient als entscheidende Grundlage zur Erstellung einer Montageprogrammiermethodik. Dabei sind folgende Aspekte von besonderem Interesse:

- Für welche Aufgaben müssen Robotersteuerungsprogramme erstellt werden ?
- Wie häufig ändern sich bestimmte Aufgaben oder Komponenten beim Betrieb von Montagestationen ?
- Welche Aufgaben sind teilespezifisch, welche anlagenspezifisch und welche technologiespezifisch ?
- Treten gleichartige Programmteile auf, die für unterschiedliche Zwecke verwendet werden können ?

4.1 Aufgaben in Roboter-Montagestationen

Montagestationen sind diejenigen Anlagenteile, die die eigentlichen Montagevorgänge durchführen. Zur Erbringung dieser technologiebezogenen Aufgaben sind begleitende oder ergänzende Aktivitäten notwendig. Die Aufgaben in Roboter-Montagestationen können untergliedert werden (Bild 4.1) in

- Technologiebezogene Aufgaben,
- Bereitstellungsaufgaben,
- Organisatorische Aufgaben.

Montagestationen erhalten zur Erfüllung dieser Aufgaben die zu montierenden Teile oder Baugruppen, Werkzeuge und Vorrichtungen, außerdem Montageaufträge und Montageanweisungen, i.a. in Form von Roboterprogrammen. Sie liefern Baugruppen oder Teile in einem höheren Zusammenbauzustand (i.a.), Vorrichtungen und Werkzeuge nach Benutzung, außerdem Auftragsquittierung, Qualitätsdaten und eventuell Fehlermeldungen.

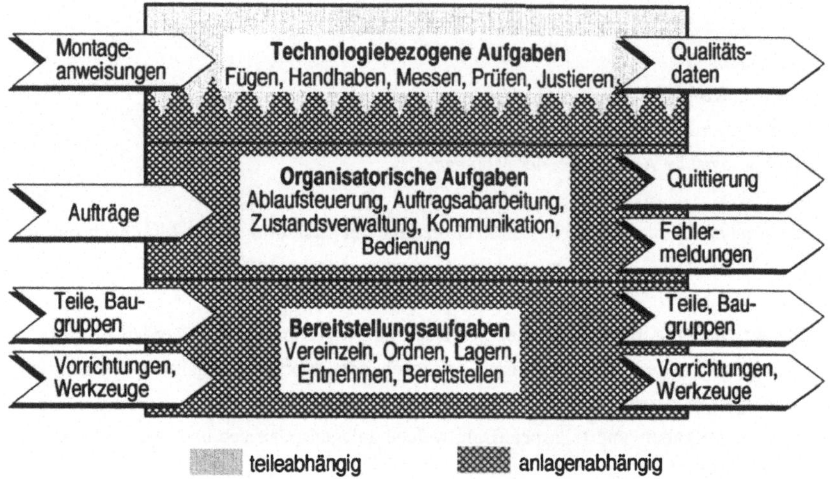

Bild 4.1: Montagestationen - Aufgaben und Schnittstellen im Betrieb

4.1.1 Technologiebezogene Aufgaben

Mit den technologiebezogenen Aufgaben ist die Durchführung der Montagevorgänge verknüpft. Dazu gehören

- Fügevorgänge,
- Handhabungsvorgänge,
- Justage-, Einstellvorgänge,
- Meß-, Prüf-, Identifikationsvorgänge.

Im Vordergrund stehen dabei die Fügevorgänge, mit denen die eigentliche Wertschöpfung erbracht wird. Die übrigen Vorgänge sind als Ergänzung zu sehen, sie tragen jedoch zu einer erfolgreichen Montage entscheidend bei.

Die Handhabungsaufgaben enthalten auch Kommissionieraufgaben, bei denen Teile aus sortenreinen Gebinden auftragsspezifisch zusammengestellt werden. Das Kommissionieren ist die technologiebezogene Aufgabe spezieller Kommissionierstationen.

Technologiebezogene Aufgaben sind spezifisch für die zu montierenden Teile, der prinzipielle Ablauf der einzelnen Aufgaben ist aber typisierbar und anlagenspezifisch anpaßbar (vgl. Kap. 4.3), er kann durch entsprechende Parameterwahl auf eine konkrete Problemstellung (Montageteile) abgestimmt werden.

4.1.2   Bereitstellungsaufgaben

Als Bereitstellungsaufgaben werden hier diejenigen Handhabungsaufgaben bezeichnet, die den Montagevorgängen vorgelagert sind. Sie sind anlagenbezogen und betreffen die Ver- und Entsorgung einer Montagestation mit Montageteilen, Werkzeugen und Vorrichtungen. Außerdem sind entsprechende Lageraufgaben eingeschlossen. Die Bereitstellungsaufgaben lassen sich gemäß <u>Tabelle 4.1</u> unterteilen. Von den Bereitstellungsaufgaben sind

Teile zuführen und lagern
 	
∘   einzeln
 	
∘   in Gebinden
 	
   - sortenrein
 	
   - auftragsspezifisch

Teile auslagern und abtransportieren
 	
∘   einzeln
 	
∘   in Gebinden
 	
   - sortenrein
 	
   - auftragsspezifisch

Werkzeuge, Vorrichtungen zuführen und einlagern
Werkzeuge, Vorrichtungen auslagern und abtransportieren

<u>Tabelle 4.1</u>:   Bereitstellungsaufgaben in Montagestationen

diejenigen teilebezogenen Handhabungsaufgaben zu unterscheiden, die bei den technologiebezogenen Aufgaben aufgeführt sind.

Begleitend zu Bereitstellungsaufgaben fallen Verwaltungsaufgaben an, z.B. die Bestandsführung bei der Ein- oder Auslagerung von Objekten.

Die Bereitstellungsaufgaben sind - sofern Objekte mit standardisierten Transportschnittstellen zu behandeln sind - unabhängig von konkreten Teilen, Gebinden, Vorrichtungen und Werkzeugen. Sie sind abhängig vom konkreten Aufbau einer Montagestation und liegen nach der Inbetriebnahme der Montagestation fest.

4.1.3   Organisatorische Aufgaben

Das Zusammenwirken der Stationskomponenten muß von der Ablaufsteuerung koordiniert werden. Ziel ist die korrekte Abarbeitung der von außen vorgegebenen Montageaufträge. Es muß bei Bedarf mit übergeordneten Systemen kommuniziert werden.

Technologische Aufgaben und Bereitstellungsaufgaben sind mit entsprechenden organisatorischen Aufgaben verknüpft, z.B. hinsichtlich der Zustandsdatenverwaltung (Bestandsführung) oder hinsichtlich der in diesem Rahmen bereitzustellenden manuellen Eingriffsmöglichkeiten für das Stationsbedienungspersonal.

Zu den organisatorischen Aufgaben gehören somit

- Ablaufsteuerung,
- Auftragsabarbeitung,
- Zustandsdatenverwaltung, Betriebsmittelverwaltung,
- Kommunikation mit übergeordneten Systemen,
- Bedienung.

Die organisatorischen Aufgaben sind unabhängig von konkreten Montageteilen. Sie werden durch die prinzipielle Funktionsweise der Station und ihren Aufbau bestimmt. Die Aufgaben liegen somit nach der Inbetriebnahme fest.

4.2   Aufbau und Komponenten von Roboter-Montagestationen

Zum konkreten Durchführen der in Kap. 4.1 genannten Stationsaufgaben ist eine entsprechende gerätetechnische Ausrüstung erforderlich. Diese Ausrüstung fungiert zusammen mit den zugeordneten geräte- bzw. anlagenorientierten Steuerungsfunktionen als Diensteerbringer für die Stationsaufgaben.

Es treten folgende, prinzipiell unterscheidbare, montagerelevante Objekte in Roboter-Montagestationen auf:

- Handhabungsgerät: Industrieroboter zum Handhaben von Werkstücken und Werkzeugen;

- Werkzeuge: meist vom Roboter geführte Einrichtungen zur Durchführung der Montagevorgänge oder zum Halten der Teile (Greifer);

- Vorrichtungen: nicht am Roboter montierte Halteeinrichtungen für Teile während der Durchführung der Montagevorgänge;

- Teile: die zu montierenden Werkstücke und Baugruppen.

Diese Objekte sind zusammen mit einer Charakterisierung hinsichtlich ihrer Flexibilität und somit hinsichtlich ihrer Austauschhäufigkeit (Umrüstung) in <u>Bild 4.2</u> aufgeführt. Montagestationen bestehen aus anlagenfesten, selten veränderten Komponenten wie z.B. dem Roboter als Handhabungsgerät oder einer Palettenindexiereinrichtung, austauschbaren Komponenten wie Werkzeugen oder Vorrichtungen und den eigentlichen Montageteilen, die ständig wechseln. Die Wechselhäufigkeit von Werkzeugen und Vorrichtungen wird von ihrer Flexibilität bestimmt. Werkzeuge und Vorrichtungen können auch als teilespezifische Adapter zwischen den aufgabenneutralen Stationskomponenten Handhabungsgerät und Grundaufbau und den Montageteilen betrachtet werden. Die aufgabenneutralen Stationskomponenten verfügen zur Anbringung dieser Adapter über standardisierte Schnittstellen.

Für Bereitstellungsaufgaben sind Zuführeinrichtungen, Vereinzler, Lagersysteme, Werkzeugwechsler und ähnliches vorhanden. Darüberhinaus bestehen Roboter-Montagestationen aus Komponenten wie Grundgestelle oder Schutzeinrichtungen. Diese sollen hier nicht betrachtet werden, da sie nicht unmittelbar an der Montage beteiligt sind. Außerdem wird in der folgenden Darstellung der Stationskomponenten nicht speziell auf den Roboter als Kern einer Roboter-Montagestation eingegangen, da seine Anwesenheit zwingend ist.

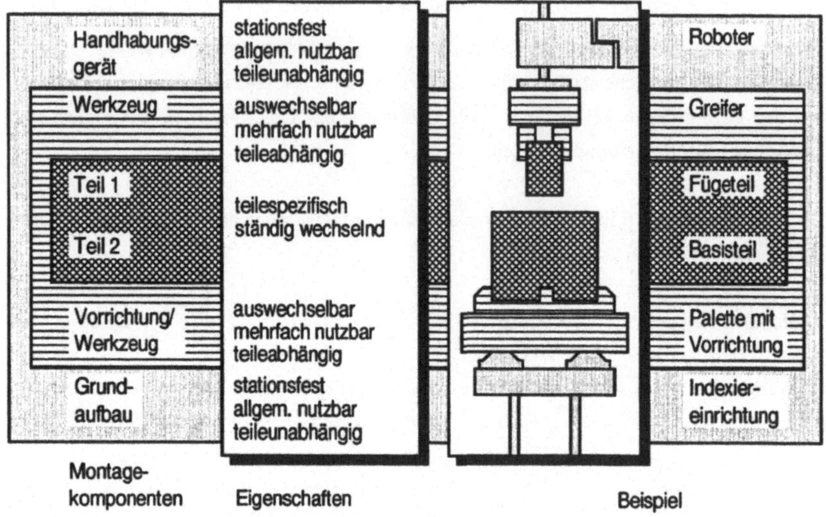

Bild 4.2:   Montagerelevante Objekte in Roboter-Montagestationen

4.2.1 Bereitstellungskomponenten

In Montagestationen sind im allgemeinen mehrere Bereitstellungseinrichtungen für die unterschiedlichen Montageteile vorhanden. Sie lassen sich nach den in <u>Bild 4.3</u> aufgeführten Kriterien bzw. Eigenschaften charakterisieren /11/. Es sind einige typische, in Montagestationen häufig eingesetzte Bereitstellungseinrichtungen für Montageteile aufgeführt:

- Paletten

  Sortenreine, geordnete Bereitstellung von Montageteilen, flächige Anordnung, die Teile bleiben bis zu ihrer Entnahme auf der Palette in Ruhe /11/;

- Palettenstapel

  Lagereinrichtung für Paletten, zur sukzessiven Abarbeitung bestimmt /76, 77/;

- Vibrationswendelförderer

  Beschickung mit Schüttgut (Bunker), integrierte Vereinzelungs- und Ordnungsfunktionen, geordnete Bereitstellung /78/;

51

- Magazin (Schachtmagazin o.ä.)

  Sortenreine, geordnete Bereitstellung von Montageteilen, häufig schacht- oder kanalförmig, die Teile gleiten durch das Magazin bis zu ihrer Entnahme /78/;

- Vorrichtungspalette

  Palette wird gleichzeitig als Montagevorrichtung (Werkstückträger) und als Bereitstellungseinrichtung für Montageteile verwendet, Montageteile müssen in einer vorgelagerten Station auf die Vorrichtungspalette aufkommissioniert werden /7/.

Eigenschaften \\ Bereitstellungs-komponenten	Palette	Paletten-stapel	Vibrations-wendelförd.	Magazin	Vorricht.-palette
Beschickungsart					
manuell	●	●	●	●	●
automatisch	●	●			●
geordnet	●	●		●	●
ungeordnet			●		
Ordnungsstelle					
stationsnah			●		
stationsfern	●	●		●	●
Bereitstellungszustand					
geordnet	●	●	●	●	●
ungeordnet					
Bereitstellungsart					
sortenrein	●	●	●	●	
auftragsspezifisch	●	●			●
Teileentnahmeort					
fest			●	●	●
veränderlich	●	●			

Bild 4.3: Typische Bereitstellungseinrichtungen und ihre Eigenschaften

Zu den Bereitstellungskomponenten zählen auch die stationsübergreifenden Transporteinrichtungen bzw. die damit in Verbindung stehenden Stationskomponenten, z.B. die in Paletten-Transfereinrichtungen (Doppelgurtbänder) eingebauten stationsspezifischen Paletten-Indexiereinrichtungen.

Die Bereitstellungeinrichtungen für Werkzeuge und Vorrichtungen sind in Kap. 4.2.2 aufgeführt.

Hinsichtlich der steuerungstechnischen bzw. programmiertechnischen Gesichtspunkte kann folgendes festgestellt werden:

- Der Komplexitätsgrad der Bereitstellungseinrichtungen ist sehr unterschiedlich. Dies gilt ebenfalls für die zugeordneten geräteorientierten Steuerungs- und Verwaltungsfunktionen, bei diesen Funktionen ist jedoch eine gemeinsame Übermenge bildbar. Diese Funktionen sind unabhängig von konkreten Montageteilen, sie müssen einmal bei der Anlageninbetriebnahme erstellt werden.

- Die den Bereitstellungseinrichtungen zugeordneten Steuerungsfunktionen sind stationsunabhängig standardisierbar, d.h. ein bestimmter Typ von Bereitstellungseinrichtungen benötigt in unterschiedlichen Stationen dieselben Steuerungsfunktionen.

- Die gerätebezogenen Steuerungsfunktionen für die Bereitstellungskomponenten werden zum Teil in eigenen Steuerungen (SPS oder Sondersteuerung) abgedeckt, zum Teil werden sie von der Robotersteuerung mit übernommen. Die Verwaltungsaufgaben (z.B. Bestandsführung) müssen stationszentral erfolgen.

- Bei Komponenten mit veränderlichem Entnahmeort muß eine genaue Positionsverwaltung aller Teile durchgeführt werden.

4.2.2   Technologiespezifische Komponenten

Zu den technologiespezifischen Komponenten in Roboter-Montagestationen gehören Werkzeuge und Vorrichtungen. Diese Komponenten befähigen das zunächst aufgabenneutrale Gerät Roboter zur Durchführung montagespezifischer Verfahren. Werkzeuge werden hier unterteilt in

- Verfahrenstechnische Einrichtungen,
- Greifer,
- Sensoren.

Beim Werkzeugeinsatz gilt es, grundsätzlich zwei Varianten zu unterscheiden: zum einen robotergeführte Werkzeuge, die zum Zeitpunkt der Durchführung der Montagevorgänge fest mit dem Roboter verbunden sind, und zum anderen stationsfeste Werkzeuge, bei de nen die Montageteile durch den Roboter zu einem stationsfesten Werkzeug gebracht und von ihm während des Montagevorgangs geführt werden.

Die technologiespezifischen Komponenten werden zusammen mit eventuell zugeordneten Bereitstellungseinrichtungen in ihrer Grundfunktionalität bei der Stationsinbetriebnahme anlagenspezifisch funktionsfähig gemacht, ihr konkreter Einsatz erfolgt aber teilespezifisch im Rahmen der Abarbeitung der Anwendungsprogramme.

4.2.2.1 Verfahrenstechnische Einrichtungen

Verfahrenstechnische Einrichtungen sind Werkzeuge, mit denen Verfahren abgedeckt werden, die über Zusammensetzaufgaben hinausgehen. Sie heben sich deutlich von einfacheren Werkzeugen wie z.B. Greifern ab. Beispiele für solche verfahrenstechnische Einrichtungen in der Montage sind

- Schrauber /79, 80/,
- Einpreßeinrichtungen /81, 82/,
- Dosiereinrichtungen zum Kleberauftrag /83/,
- Lötausrüstung /84/.

Diese Einrichtungen weisen im Vergleich zu anderen Montagewerkzeugen einen hohen Komplexitätsgrad auf und sind daher nicht einfach wechselbar, sondern gehören zur festen Ausstattung einer Station. Allenfalls können teilespezifische Anpassungselemente ausgetauscht werden. Verfahrenstechnische Einrichtungen sind meist direkt mit speziellen Bereitstellungseinrichtungen verbunden. Zur Erhöhung der Flexibilität findet man teilweise in einer Station mehrere solcher verfahrenstechnischer Einrichtungen in ähnlicher Bauweise, aber für unterschiedliche Montageteile angepaßt, z.B. Schraubstationen mit mehreren über Wechselsysteme an den Roboter anflanschbaren Spindeln für unterschiedliche Schraubenformen /79/.

Aufgrund der umfangreichen Funktionalität besitzen verfahrenstechnische Einrichtungen zumeist eigene Steuerungskomponenten (Sondersteuerungen), die die anlagenbezogene Grundfunktionalität abdecken. Diese Sondersteuerungen verfügen über Schnittstellen, die von der Robotersteuerung zur Funktionsbeauftragung und zur Parametrierung verwendet werden können. Auf der Seite der Robotersteuerung sind entsprechende gerätebezogene

Ansteuerungsprogrammteile notwendig. Diese Funktionen sind unabhängig von konkreten Montageteilen, sie sind ausschließlich anlagen- und verfahrensabhängig.

4.2.2.2 Greifer

Greifer sind Werkzeuge zur Durchführung von Handhabungsaufgaben oder Fügeaufgaben. Sie sind daher den robotergeführten Werkzeugen zuzurechnen. Ein Großteil der Montageaufgaben ist mit Handhabungsaufgaben verbunden, alle Zusammensetzverfahren (Bild 2.1) bestehen in ihrem Kern aus Handhabungsabläufen. Zum Greifen der Teile sind entsprechende Greifer notwendig. Diese Greifer können ganz speziell auf bestimmte Teile zugeschnitten sein, zunehmend findet man jedoch flexible Greifer, die programmierbar sind und sich für ein größeres Teilespektrum eignen. Die Programmierbarkeit bezieht sich i.a. auf die Öffnungsweite und die Greifkraft /85 - 87/.

Greifer können zusätzlich mit Hilfseinrichtungen versehen sein, z.B. Elementen mit selektiver Nachgiebigkeit (RCC /87, 88/) zum Fügeversatzausgleich oder Sensoren auf der Basis von Kraft-/Momentenmessung zur Prozeßführung und -überwachung /89/ .

Greifer werden in einer unübersehbaren Vielfalt am Markt angeboten. Aufgrund der mehr oder minder teilespezifischen Zuordnung von Greifern müssen in flexiblen Anlagen im allgemeinen unterschiedliche Greifer für die unterschiedlichen zu montierenden Teile bereitgehalten werden /90/. Dies erfordert entsprechende Lager- und Wechseleinrichtungen /91/ oder Mehrfachgreifer /92/ zusammen mit Bereitstellungseinrichtungen und organisatorischen bzw. steuerungstechnischen Funktionen. Die zur Ansteuerung unterschiedlicher Greifer notwendigen Steuerungsfunktionen können weitgehend vereinheitlicht werden.

4.2.2.3 Sensoren

Sensoren kommen in Montagestationen sowohl in Verbindung mit anderen Werkzeugen, d.h. in diese eingebaut, zur Prozeßführung und -überwachung zum Einsatz, als auch eigenständig im Sinn von eigenen Werkzeugen zur Durchführung von Meß-, Prüf- und Identifikationsvorgängen oder auch für Justier- und Einstellvorgänge.

Bei der Prozeßführung und -überwachung sind verfahrensabhängig Prozeßgrößen zu erfassen, wie z.B.

- Greifkräfte,
- Fügekräfte,
- Drehmoment, -winkel,
- Temperatur,
- Entfernungen, Abmessungen.

Mögliche sensoriell zu erfassende Größen bei eigenständigen Meß-, Prüf- und Identifikationsvorgängen in der Montage sind

- Vollständigkeit (Anwesenheit von Teilen),
- Form, Abmessung, Lage,
- Farbe, Gewicht.

Die eingesetzten Sensoren benötigen häufig spezielle Steuereinheiten zur Aufarbeitung der Meßergebnisse und zugeordnete Programmteile in der Robotersteuerung zur Steuerung des Meßablaufs und zur Meßwertverarbeitung. Diese Grundfunktionen sind anlagen- und verfahrensspezifisch, sie werden abhängig von konkreten Montageteilen entsprechend parametriert.

4.2.2.4 Vorrichtungen

Vorrichtungen sind Einrichtungen zum Halten der Montageteile (i.a. Basisteil) während der Durchführung der Montagevorgänge. Sie sind zu diesem Zeitpunkt stationsfest fixiert, können prinzipiell aber ausgetauscht werden. Sie können unterschieden werden in aktive Vorrichtungen, bei denen die Haltekraft durch aktive Elemente aufgebracht wird (z.B. Schraubstock /93/) und passive Vorrichtungen, bei denen die Haltekraft keiner aktiven Betätigung bedarf. Aktive Vorrichtungen erfordern entsprechende geräteorientierte Steuerungsfunktionen. Vorrichtungen sind analog zu Greifern teilespezifisch und müssen somit abhängig vom aktuellen Montageteil gewechselt werden. Es sind aber ebenfalls flexible Vorrichtungen bekannt, die eine größere Bandbreite an unterschiedlichen Teilen abdecken können.

4.3   Analyse technologischer Abläufe bei der Montage

Im folgenden wird anhand einiger Beispiele untersucht, wie Montageabläufe strukturiert sind, welche Teilelemente auftreten und welche Abhängigkeiten dabei zu beobachten sind. Diese Analyse ist eine entscheidende Grundlage für die Konzeption der Programmiermethodik.

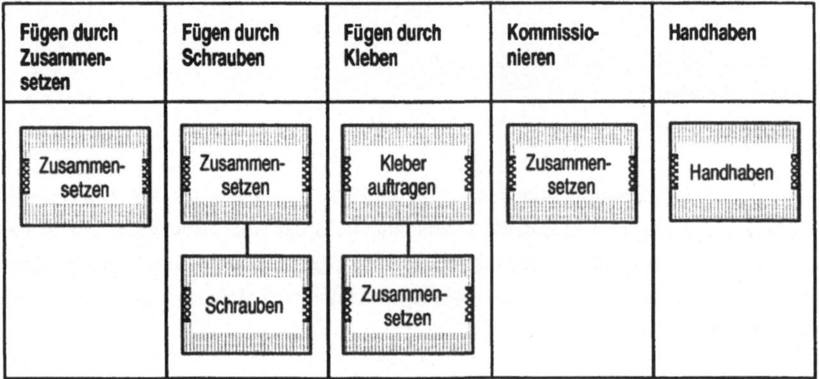

<u>Bild 4.4:</u> Grobe Untergliederung von Montageaufgaben

Ziel ist eine Schematisierung der Abläufe und ein Erkennen von Elementen, die wiederholt vorkommen, um wiederverwendbare Grundfunktionen ableiten zu können. Außerdem sollen diejenigen Elemente extrahiert werden, die direkt von den zu montierenden Teile abhängig sind und die somit einer Vorgabe durch den Anwendungsprogrammierer bedürfen.

In <u>Bild 4.4</u> sind die beispielhaft untersuchten Montageaufgaben dargestellt zusammen mit einer groben Untergliederung hinsichtlich der technologischen Abläufe. Die darin aufgeführten Abläufe sind im weiteren erläutert und detaillierter untergliedert (Unterkapitel 4.3.1 bis 4.3.3). Die dabei dargestellten Ablaufschemata sind stationsunabhängig, sie sind gegenüber den Abläufen in konkret ausgeführten Stationen als Übermenge zu betrachten, die entsprechend den tatsächlichen Stationsgegebenheiten zusammengefaßt, umgestellt oder deutlich vereinfacht auftreten. Die konkrete Festlegung und Implementierung erfolgt im Rahmen der Stationsinbetriebnahme.

Die Einzelelemente der Ablaufschemata werden klassifiziert nach der Zugehörigkeit zu den Vorgangsarten Bereitstellung, Handhabung und technologische Vorgänge. Durch *kursiven und fetten* Druck sind die Elemente gekennzeichnet, die einer teilespezifischen Programmierung oder Parametrierung durch den Anwendungsprogrammierer bedürfen.

4.3.1. Fügen

4.3.1.1 Zusammensetzen

Die Varianten des Fügeverfahrens Zusammensetzen (vgl. Bild 2.1) laufen alle im wesentlichen nach einem einheitlichen Schema ab. Dieses Schema ist in Tabelle 4.2 dargestellt.

4.3.1.2 Schrauben

Das Verfahren des Schraubens benötigt als Vorbedingung, daß sich Basis- und Fügeteil bereits in der endgültigen Schraub-Ausgangslage befinden, daß also ein Zusammensetz-vorgang vorausgegangen ist. Der Schraubvorgang läuft in den in Tabelle 4.3 beschriebenen Schritten ab.

4.3.1.3 Kleben

Der Vorgang des Klebens kann in zwei Phasen unterteilt werden, er besteht aus dem Auftrag des Klebers und einem darauf folgenden Zusammensetzablauf. Hier wird die Kleberauftragphase betrachtet (Tabelle 4.4).

4.3.2 Kommissionieren

Das Kommissionieren ist eine Montageaufgabe, die hier hinsichtlich des Betriebs einer Montageanlage als montageauftragsbezogene Zusammenstellung von Montageteilen zum Zwecke der Vorbereitung von Montagevorgängen verstanden wird. Das Kommissionieren ist die technologiebezogene Aufgabe spezieller Kommissionierstationen und wird somit hier im Zusammenhang mit technologischen Abläufen betrachtet.

Montageteil in Ausgangslage (Basisteil in Fügeausgangslage)	
Vorrichtung bereitstellen	Bereitstellung
Vorrichtung holen	Handhabung
Greifer für Basisteil bereitstellen	Bereitstellung
Greifer für Basisteil holen	Handhabung
Basisteil bereitstellen	Bereitstellung
Basisteil holen	Handhabung
Basisteil in Vorrichtung ablegen	Handhabung
Greifer für Basisteil ablegen	Handhabung
Greifer für Basisteil einlagern	Bereitstellung
Zusammensetzen	
Greifer für Fügeteil bereitstellen	Bereitstellung
Greifer für Fügeteil holen	Handhabung
Fügeteil bereitstellen	Bereitstellung
Fügeteil holen	Handhabung
Zusammensetzvorgang durchführen	Technol. Vorgang
Greifer für Fügeteil ablegen	Handhabung
Greifer für Fügeteil einlagern	Bereitstellung
Montiertes Teil abgeben	
Greifer für Teil bereitstellen	Bereitstellung
Greifer für Teil holen	Handhabung
Teil bereitstellen	Bereitstellung
Teil holen	Handhabung
Teil ablegen	Handhabung
Teil einlagern	Bereitstellung
Greifer für Teil ablegen	Handhabung
Greifer für Teil einlagern	Bereitstellung
Vorrichtung ablegen	Handhabung
Vorrichtung einlagern	Bereitstellung

Tabelle 4.2: Ablauf des Fügeverfahrens Zusammensetzen

Montageteil in Ausgangslage	
Vorrichtung bereitstellen	Bereitstellung
Vorrichtung holen	Handhabung
Greifer für Teil bereitstellen	Bereitstellung
Greifer für Teil holen	Handhabung
Teil bereitstellen	Bereitstellung
Teil holen	Handhabung
Teil in Vorrichtung ablegen	Handhabung
Greifer für Teil ablegen	Handhabung
Greifer für Teil einlagern	Bereitstellung
Schrauben	
Schraubwerkzeug bereitstellen	Bereitstellung
Schraubwerkzeug holen	Handhabung
Schraube bereitstellen	Bereitstellung
Schraube holen	Handhabung
Schrauben	Technol. Vorgang
Schraubwerkzeug ablegen	Handhabung
Schraubwerkzeug einlagern	Bereitstellung
Montiertes Teil abgeben	
Greifer für Teil bereitstellen	Bereitstellung
Greifer für Teil holen	Handhabung
Teil bereitstellen	Bereitstellung
Teil holen	Handhabung
Teil ablegen	Handhabung
Teil einlagern	Bereitstellung
Greifer für Teil ablegen	Handhabung
Greifer für Teil einlagern	Bereitstellung
Vorrichtung ablegen	Handhabung
Vorrichtung einlagern	Bereitstellung

Tabelle 4.3:   Ablauf des Fügeverfahrens Schrauben

Montageteil in Ausgangslage	
Vorrichtung bereitstellen	Bereitstellung
Vorrichtung holen	Handhabung
Greifer für Teil bereitstellen	Bereitstellung
Greifer für Teil holen	Handhabung
Teil bereitstellen	Bereitstellung
Teil holen	Handhabung
Teil in Vorrichtung ablegen	Handhabung
Greifer für Teil ablegen	Handhabung
Greifer für Teil einlagern	Bereitstellung
Kleber auftragen	
Kleberauftragseinrichtung bereitstellen	Bereitstellung
Kleberauftragseinrichtung holen	Handhabung
Kleber holen	Handhabung
Kleber auftragen	Technol. Vorgang
Kleberauftragseinrichtung ablegen	Handhabung
Kleberauftragseinrichtung einlagern	Bereitstellung
Montiertes Teil abgeben	
Greifer für Teil bereitstellen	Bereitstellung
Greifer für Teil holen	Handhabung
Teil bereitstellen	Bereitstellung
Teil holen	Handhabung
Teil ablegen	Handhabung
Teil einlagern	Bereitstellung
Greifer für Teil ablegen	Handhabung
Greifer für Teil einlagern	Bereitstellung
Vorrichtung ablegen	Handhabung
Vorrichtung einlagern	Bereitstellung

<u>Tabelle 4.4</u>:   Ablauf des Fügeverfahrens Kleben

Der Kommissionierablauf kann als Zusammensetzablauf betrachtet werden, wobei die zu kommissionierenden Teile in eine Vorrichtung bzw. Palette eingefügt werden. Diese Vorrichtung bzw. Palette, die die zu kommissionierenden Teile aufnimmt, entspricht dem Basisteil beim Zusammensetzen. Demzufolge gilt für das Kommissionieren das Ablaufschema gemäß <u>Tabelle 4.2</u>.

Montageteil in Ausgangslage	
Vorrichtung bereitstellen	Bereitstellung
Vorrichtung holen	Handhabung
Greifer für Teil bereitstellen	Bereitstellung
Greifer für Teil holen	Handhabung
Teil bereitstellen	Bereitstellung
Teil holen	Handhabung
Teil in Vorrichtung ablegen	Handhabung
Greifer für Teil ablegen	Handhabung
Greifer für Teil einlagern	Bereitstellung
Handhaben	
Greifer bereitstellen	Bereitstellung
Greifer holen	Handhabung
Handhabungsvorgang durchführen	Technol. Vorgang
Greifer ablegen	Handhabung
Greifer einlagern	Bereitstellung
Teil abgeben	
Greifer für Teil bereitstellen	Bereitstellung
Greifer für Teil holen	Handhabung
Teil bereitstellen	Bereitstellung
Teil holen	Handhabung
Teil ablegen	Handhabung
Teil einlagern	Bereitstellung
Greifer für Teil ablegen	Handhabung
Greifer für Teil einlagern	Bereitstellung
Vorrichtung ablegen	Handhabung
Vorrichtung einlagern	Bereitstellung

Tabelle 4.5: Ablauf des Verfahrens Handhabung

Der innere Kommissionierablauf "Teil holen und Ablegen", der dem eigentlichen Zusammensetzen entspricht, wird beim Kommissionieren im allgemeinen unmittelbar aufeinanderfolgend mehrfach durchlaufen, entsprechend der Anzahl der zu kommissionierenden Teile. Der Zusammensetzvorgang besteht beim Kommissionieren im allgemeinen aus den Varianten Auflegen und Einlegen.

Vorrichtung bereitstellen	Bereitstellung
Vorrichtung holen	Handhabung
Vorrichtung ablegen	Handhabung
Vorrichtung einlagern	Bereitstellung
Greifer bereitstellen	Bereitstellung
Greifer holen	Handhabung
Greifer ablegen	Handhabung
Greifer einlagern	Bereitstellung
Teil bereitstellen	Bereitstellung
Teil holen	Handhabung
Teil ablegen	Handhabung
Teil einlagern	Bereitstellung
Werkzeug bereitstellen	Bereitstellung
Werkzeug holen	Handhabung
Werkzeug ablegen	Handhabung
Werkzeug einlagern	Bereitstellung
Zusammensetzvorgang durchführen	Technol. Vorgang
Schrauben	Technol. Vorgang
Kleber auftragen	Technol. Vorgang
Handhabungsvorgang durchführen	Technol. Vorgang

<u>Tabelle 4.6:</u> Zusammenstellung der Teilfunktionen beispielhafter technologischer Abläufe

4.3.3 Handhaben

Das Handhaben als technologischer Ablauf wird hier als eine allgemeine, an im Montageprozeß befindlichen Teilen ausgeführte Bewegung betrachtet, die mit einer bleibenden Positions- bzw. Orientierungsänderung dieser Teile verbunden ist, oder die in Ergänzung der vorstehend genannten Verfahren zur Sicherstellung des Erreichens eines Endzustands beiträgt ("Nachdrücken" beim Fügen). Damit lassen sich auch Sonder-Montageverfahren abdecken. Diese Variante des Handhabens hat einen technologischen Zweck und wird somit hier im Zusammenhang mit technologischen Abläufen betrachtet. Der prinzipielle Ablauf ist in <u>Tabelle 4.5</u> dargestellt.

4.3.4 Zusammenstellung der Elemente der technologischen Abläufe

Ein Vergleich der verschiedenen, vorstehend analysierten technologischen Abläufe ergibt eine weitreichende strukturelle Ähnlichkeit. Die verschiedenen Abläufe bestehen darüberhinaus aus wenigen ähnlichen Elementen. Die vorkommenden Elemente sind in Tabelle 4.6 aufgelistet. Dieser begrenzte Umfang von grundlegenden Elementen erlaubt die Synthetisierung von Robotersteuerungsprogrammen, mit denen die unterschiedlichen Abläufe abgedeckt werden, unter weitgehender Verwendung von Programmfragmenten, die einmalig erstellt werden. Dasselbe gilt für gleichartige technologische Abläufe auf unterschiedlichen Roboter-Montagestationen.

Die technologischen Abläufe setzen sich zu einem bedeutenden Teil aus Bereitstellungs- und Handhabungsvorgängen zusammen, die technologischen Vorgänge bilden nur einen geringen Teil der Abläufe. Einen ebenfalls geringen Anteil nehmen die Vorgänge ein, die einer Vorgabe durch den Anwendungsprogrammierer bedürfen.

Die zwischen den grundlegenden Vorgängen bestehenden Zusammenhänge sind in Bild 4.5 dargestellt. Im Mittelpunkt stehen die durchzuführenden technologischen Vor-

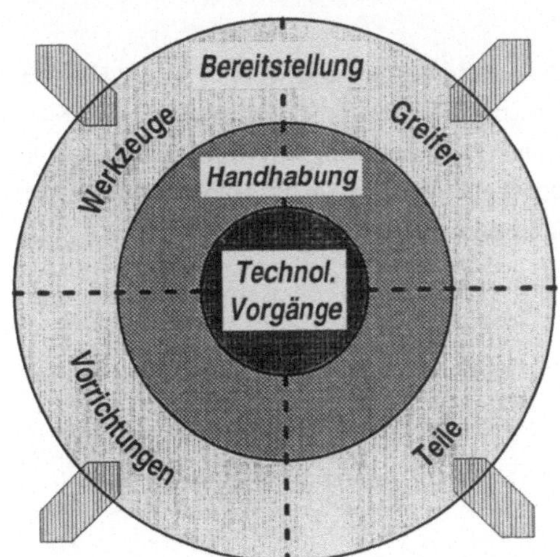

Bild 4.5: Zusammenwirken von Bereitstellungsvorgängen, Handhabungsvorgängen und technologischen Vorgängen in Montagestationen

gänge. Um diese zu bewerkstelligen, sind Handhabungsvorgänge für Werkzeuge, Greifer, Vorrichtungen und Teile notwendig. Handhabungsvorgänge und technologische Vorgänge werden vom Roboter ausgeführt. Den Handhabungsvorgängen vorgelagert sind Bereitstellungsvorgänge ebenfalls für Teile, Werkzeuge, Greifer und Vorrichtungen. Bereitstellungsaufgaben werden i.a. von dedizierten gerätetechnischen Komponenten einer Montagestation abgewickelt. Bereitstellungsvorgänge können dadurch - entsprechende steuerungstechnische Ausrüstung vorausgesetzt - zeitgleich zu Handhabungsvorgängen und technologischen Vorgängen durchgeführt werden. Die Bereitstellung bildet die Systemgrenze der Montagestation zu ihrer Umgebung, die für die Beschickung der Station zuständig ist.

Es zeigt sich, daß Greifer als eine spezielle Art von Werkzeugen eine besondere Bedeutung einnehmen, sie werden daher im weiteren separat von Werkzeugen betrachtet.

4.4 Analyse organisatorischer Abläufe bei der Montage

4.4.1 Stationsbeauftragung

Montagestationen können Montageaufträge auf verschiedenen Wegen erhalten, über manuelle Eingabe direkt an der Stationssteuerung, von der Zellensteuerung über eine Kommunikationsschnittstelle oder implizit durch Entgegennahme eines Werkstückträgers, der auftragsspezifisch codiert ist, z.B. ein mobiler Datenträger (MDT) mit Auftragsdaten. Die konkrete Ausprägung der Beauftragung ist anlagenspezifisch festgelegt.

4.4.2 Automatikbetrieb

Ein Montageauftrag wird von einer Montagestation im Automatikbetrieb in folgenden Schritten abgewickelt:

- Auftrag entgegennehmen,
- Auftrag identifizieren,
- Machbarkeit/Vorbedingungen prüfen,
- Vorbereitungsmaßnahmen treffen,
- Aufgabenbeschreibung (Anwendungsprogramm) abarbeiten,

- Zustandsdaten aktualisieren,
- Auftragsquittierung/-fertigmeldung,
- Nachbereitungsmaßnahmen.

Dieser Ablauf wird einmalig anlagenspezifisch angepaßt und stellt einen stationsspezifischen Ablaufrahmen dar. In diesen werden die teilespezifischen Aufgabenbeschreibungen (Anwendungsprogramme) zur Laufzeit eingebunden.

4.5   Beispiel einer Roboter-Montagestation

Zur Verdeutlichung der vorstehenden Untersuchungen wird hier als Beispiel einer flexiblen Montagestation eine flexible Füge- und Kommissionierstation vorgestellt. Diese Station wird im weiteren als Referenzstation herangezogen.

Die Füge- und Kommissionierstation (Bilder 4.6, 4.7) ist Teil einer flexiblen Montagezelle (Bild 2.2). Diese Anlage verfügt über ein Paletten-Transfersystem als zelleninternes Transportsystem zur Stationsverkettung. Das Transfersystem wird zum Transport von Werkstückträgern, Montageteilen in Transportgebinden (Paletten) und Greifern eingesetzt. Die Montageteile sind zum Teil auf den Werkstückträgern aufkommissioniert, zum Teil werden sie stationsfest bereitgestellt. Die Werkstückträger samt Aufbauten dienen als Vorrichtung für die Durchführung der Montagevorgänge (passive Vorrichtungen). Die Auftragsdaten werden werkstückbegleitend auf einem Datenträger mitgeführt.

Die Station erhält Aufträge durch Einlaufen eines Werkstückträgers in die Station. Die zugehörigen Auftragsdaten werden einem werkstückbegleitenden mobilen Datenträger (MDT) entnommen. Das Handhabungssystem wechselt einen passenden Greifer ein, entnimmt Fügeteile entweder vom Werkstückträger, wo sie zuvor aufkommissioniert wurden, oder aus dem eigenen Teilespeicher (Palettenspeicher) und führt die Fügevorgänge an dem auf dem Werkstückträger befindlichen Montagebasisteil aus. Die Bereitstellung von Teilen durch das interne Teilelager wird durch die Positionierung der entsprechenden Speicherschublade im Arbeitsbereich des Roboters bewerkstelligt. Alternativ zu Fügeaufgaben kann die Station Kommissionieraufgaben übernehmen, d.h. Werkstückträger mit Montageteilen bestücken.

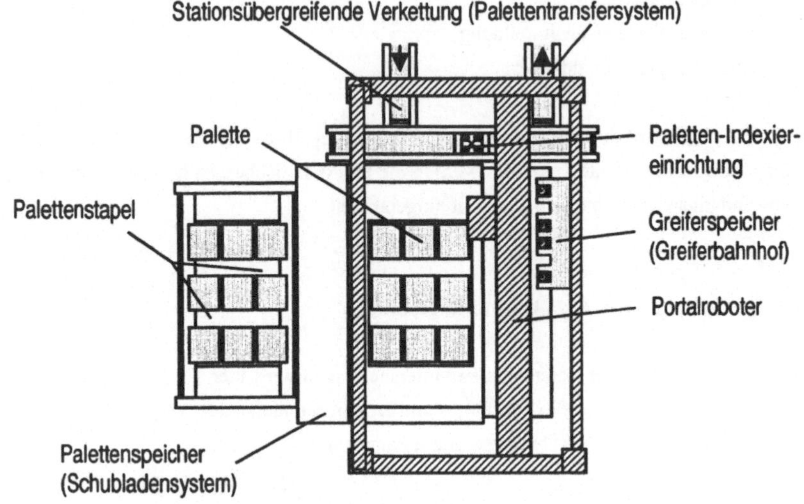

Bild 4.6: Füge- und Kommissionierstation - Schematischer Aufbau, Ansicht von oben

Bild 4.7: Roboter-Arbeitsbereich der Füge- und Kommissionierstation

Die Beschickung des Palettenspeichers kann über Paletten erfolgen, die über das Transfersystem in die Station gelangen und mit Hilfe des Roboters und eines speziellen Palettengreifers eingelagert werden, oder aber durch die manuelle Zuführung eines kompletten Palettenstapels direkt in den Palettenspeicher.

Greifer können ebenfalls auf zwei Wegen ausgetauscht werden, zum einen ebenfalls über spezielle Werkzeugtransportpaletten, die über das Transfersystem in die Station gelangen, zum anderen durch manuelles Einbringen in den Greiferspeicher.

4.6   Schlußfolgerung und Zusammenfassung

Roboter-Montagestationen weisen eine große Bandbreite von Anlagengegebenheiten auf, sowohl hinsichtlich unterschiedlicher Arbeitsinhalte der Stationen, als auch hinsichtlich unterschiedlicher gerätetechnischer Ausrüstung. Dies spiegelt sich in daraus resultierenden Unterschieden der zum Betrieb der Stationen notwendigen Roboterprogramme wider.

Trotz dieser Unterschiede sind viele Gemeinsamkeiten bei Roboter-Montagestationen festzustellen:

- Montagestationen bestehen aus anlagenfesten, selten veränderten Komponenten (z.B. Roboter als Handhabungsgerät, Palettenindexiereinrichtung), austauschbaren Komponenten (Werkzeugen, Greifern, Vorrichtungen) und den eigentlichen Montageteilen, die ständig wechseln.

- Die eigentliche Montageaufgabe stellt nur einen kleinen Teil der Roboterprogramme dar, die teileinvarianten Programmteile überwiegen. Sie werden zur Ansteuerung der Stationsperipherie und zur Steuerung der Abläufe in der Station benötigt. Roboterprogramme oder Bestandteile davon lassen sich entsprechend ihrer Haupteinflußfaktoren daher wie folgt untergliedern:

    - teileabhängig (eigentliche Montageaufgabe),
    - technologieabhängig,
    - anlagenabhängig (stationsabhängig).

- Viele teileinvariante Programmteile kommen in unterschiedlichen Stationen in prinzipiell ähnlicher Ausprägung vor, sie sind standardisierbar. Dazu gehören vor allem

Steuerungsfunktionen, die gerätetechnischen Komponenten zugeordnet sind, aber auch technologische Abläufe.

- Gleichartige technologische Abläufe ähneln sich bei unterschiedlichen Stationen, sie sind stationsunabhängig systematisierbar.

- Unterschiedliche technologische Abläufe bestehen aus einer Vielzahl ähnlicher, immer wiederkehrender Bausteine.

In Tabelle 4.7 sind flexible Roboter-Montagestationen hinsichtlich ihrer Komponenten, Aufgaben und Abläufe charakterisiert. Es ist zu erkennen, daß nur ein geringer Anteil teilespezifisch ist, also von bestimmten zu montierenden Teilen festgelegt wird. Dies sind zum einen Werkzeuge und Vorrichtungen, also die Anlagenteile, die die Anpassung der zunächst völlig teileunspezifischen Station an konkrete Montageteile vornehmen (Adapter, vgl. Bild 4.2). Diese Vorrichtungen und Werkzeuge werden, falls nicht passend vorhanden, im Rahmen der Vorrichtungskonstruktion definiert. Zum anderen ist naturgemäß die technologiebezogene Aufgabe, d.h. die eigentliche Montageaufgabe, von konkre-

Aspekt Abhängigkeit	teile-spezifisch	technologie-spezifisch	stations-spezifisch
Technologiebezogene Aufgaben	●	●	●
Bereitstellungsaufgaben	○	○	●
Organisatorische Aufgaben	○	○	●
Technologische Abläufe	○	●	●
Organisatorische Abläufe	○	○	●
Roboter	○	○	●
Bereitstellungskomponenten	○	○	●
Werkzeuge			
Verfahrenstechnische Einricht.	◐	●	●
Greifer/Vorrichtungen	◐	◐	◐
Sensoren	◐	●	●

● starke Abhängigkeit   ◐ mittlere Abhängigkeit   ○ keine Abhängigkeit

Tabelle 4.7: Roboter-Montagestationen - Charakterisierung von Komponenten, Aufgaben und Abläufen

ten Teilen abhängig, wobei festzustellen ist, daß bestimmte Elemente daraus wiederverwendbar sind und nur von der prinzipiellen technologischen Aufgabe und der konkreten Station abhängen (technologische Abläufe). Die technologische Aufgabe kann somit getrennt werden in einen stations- und technologiespezifischen Anteil (teileinvariant) und in einen teilespezifischen Part.

Aus <u>Tabelle 4.7</u> ist weiterhin zu erkennen, daß Greifer bzw. Vorrichtungen weitgehend stationsunabhängig sind und somit zwischen Stationen ausgetauscht werden können, sofern entsprechende standardisierte mechanische Schnittstellen vorliegen. Dies befähigt eine Montagezelle zu flexiblem Anlageneinsatz und zur Durchführung von Ausweichstrategien und ist eine Vorbedingung für übertragbare Anwendungsprogramme.

Das eigentliche Interesse des Anwendungsprogrammierers besteht in der Beschreibung einer konkreten Montageaufgabe mit montagebezogenen Begriffen (Kap. 3.1), alle anderen Aufgaben, wie z.B. die Programmierung allgemeiner technologischer Abläufe, die Erstellung von Programmen für Teilebereitstellung oder gerätespezifische Programmierung, erfordern weitreichende roboterspezifische Kenntnisse und Erfahrungen, sie lenken den Anwendungsprogrammierer von seiner Kernaufgabe ab und eröffnen Fehlerquellen.

In der Roboter-Montagestation kann eine Funktionshierarchie festgestellt werden, in deren Rahmen technologie- bzw. stationsbezogene Grundfunktionen als Diensteerbringer (Dienstleistungshierarchie /13/) für teilespezifische Montageaufgaben betrachtet werden können. Dies spiegelt sich auch im Aufbau der Roboterprogramme wider. Diese Grundfunktionen sind anlagen- und verfahrensspezifisch, sie werden abhängig von konkreten Montageteilen entsprechend konfiguriert bzw. parametriert. Die technologiespezifischen Stationskomponenten werden in ihrer Grundfunktionalität bei der Stationsinbetriebnahme anlagenspezifisch funktionsfähig gemacht, ihr konkreter Einsatz erfolgt aber teilespezifisch im Rahmen der Abarbeitung der Anwendungsprogramme.

Der Bedarf nach übertragbaren Programmen (Kap. 3.1) legt nahe, Anwendungsprogramme stationsunabhängig zu erstellen, d.h. Stationsspezifika in Anwendungsprogrammen zu vermeiden. Bei der Anwendungsprogrammierung ist eine werkstückbezogene Sicht notwendig. Technologische Vorgaben sind stationsinvariant, geometrische Randbedingungen hingegen ändern sich von Station zu Station. Geometrische Beziehungen von Montageteilen zur Durchführung von Montageoperationen sind daher relativ zu spezifizieren, die zur Bewegungssteuerung notwendigen absoluten geometrischen Beziehungen im Roboterkoordinatensystem sind aus Zustandsdaten zur Laufzeit abzuleiten.

Die Programmierung von Robotern bei der Montage erfordert - unabhängig von der eingesetzten Programmiermethode - die Abdeckung der in diesem Kapitel analysierten Sachverhalte. Dies wird zur Zeit basierend auf den üblichen Roboter-Hochsprachen durch Roboterspezialisten vorgenommen, wobei eine systematische Trennung der unterschiedlichen Gesichtspunkte in den Roboterprogrammen nicht üblich ist. Die Qualität der Robotersteuerungssoftware und eine Gliederung, die ihre Wiederverwendbarkeit fördert, hängt entscheidend vom Geschick des Programmierers ab, es gibt keine methodische Vorgehensweise.

5 Anwendungsorientierte Programmierung für die Montage

Bei der Konzeption einer anwendungsorientierten Programmiermethodik für die Montage steht die Vereinfachung und Beschleunigung der Anwendungsprogrammierung im Vordergrund. Die in Kap. 3 aufgestellten Forderungen und die aufgrund der Analyse von Roboter-Montagestationen in Kap. 4 erkannten Gesetzmäßigkeiten sind Grundlage eines solchen Konzepts.

In einem ersten Schritt werden Lösungsalternativen für ein entsprechendes Programmiersystem erarbeitet und bewertet. Das bestgeeignete Konzept wird im folgenden weiter ausgearbeitet.

5.1 Lösungsmöglichkeiten

5.1.1 Programmiersystem mit technologieorientierter Bedienoberfläche (Programmiersystem-Variante 1)

Das Programmiersystem (Bild 5.1) verfügt über vollständige Informationen hinsichtlich des Aufbaus der verfügbaren Montagestationen (Weltmodell), insbesondere

- Stationslayout mit gerätetechnischen Komponenten,
- Positionen der Komponenten,
- Belegung der Bereitstellungseinrichtungen mit Montageteilen.

Das Programmiersystem ist mit einer technologieorientierten Bedienoberfläche versehen, es allein beinhaltet Wissen über die durchzuführenden technologischen Aktionen und deren Umsetzung in roboter- und geräteorientierte Aktionen. Aus der vom Anwender eingegebenen Aufgabenbeschreibung werden komplette, explizit ausformulierte Programme in der Roboterprogrammiersprache erzeugt, die in dieser Form (oder zusätzlich in einen spezifischen internen Steuerungscode übersetzt) zur Robotersteuerung übertragen werden und dort zur Ausführung kommen.

Die so erzeugten Programme können mit Hilfe des Standard-Programmiersystems der Robotersteuerung zusätzlich manuell modifiziert oder erweitert werden. Es steht die volle Flexibilität der Roboterprogrammiersprache zur Verfügung. Durch die Erstellung kompletter expliziter Montageprogramme sind allerdings keine Reaktionen auf Abweichungen zur Laufzeit (Modellfehler) möglich.

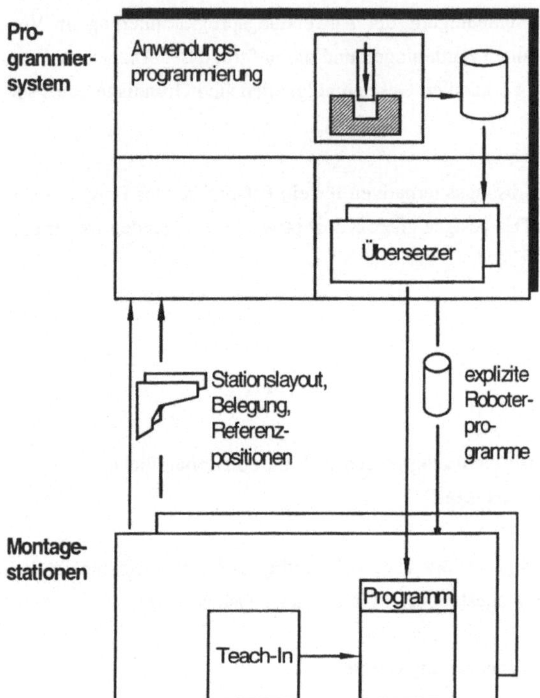

Bild 5.1:
Programmiersystem,
Variante 1

5.1.2 Nutzung vorerstellter stationsspezifischer Programmteile (Programmiersystem-Variante 2)

Das Programmiersystem (Bild 5.2) entspricht im wesentlichen Variante 1, verfügt jedoch zusätzlich über Programmteile, die stationsspezifisch vorab erstellt wurden (Systemprogrammierung). Das Programmiersystem enthält Wissen, diese vorerstellten Programmteile entsprechend den Vorgaben des Anwendungsprogrammierers zu fertigen expliziten Roboterprogrammen zu verbinden. Diese Programme sind stationsspezifisch und umfassen die komplette Stationssteuerungsaufgabe in einem Programm.

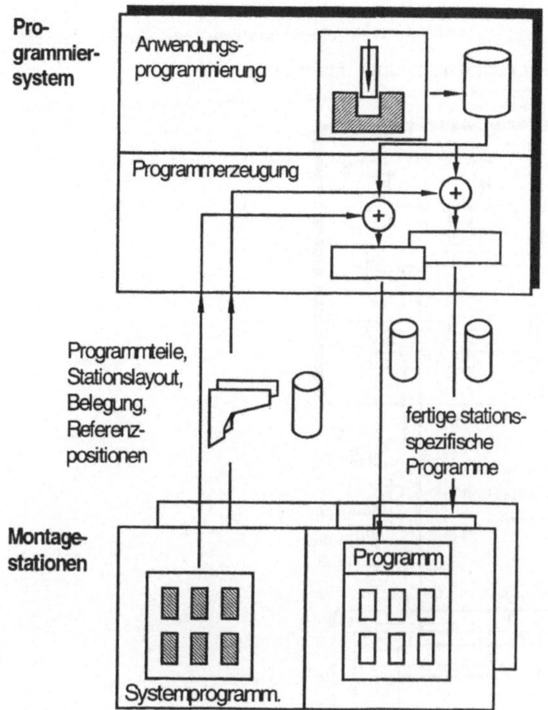

Bild 5.2:
Programmiersystem,
Variante 2

5.1.3 Einbinden von stationsspezifischen Programmteilen zur Laufzeit (Programmiersystem-Variante 3)

Das Programmiersystem (Bild 5.3) beruht auf vorerstellten Programmteilen (Funktions-modulen) mit standardisierten, d.h. bei allen verfügbaren Montagestationen vereinheitlich-ten Schnittstellen. Trotz der vereinheitlichten Schnittstellen ist die konkrete Ausprägung eines Funktionsmoduls stationsspezifisch, es wurde vorab in Betrieb genommen (Systemprogrammierung). Dem Programmiersystem stehen zum Zwecke der Programmer-stellung die standardisierten Schnittstellen zur Verfügung, nur für Simulationszwecke ist die Realisierung der Funktionsmodule (Funktionsmodulrumpf) von Interesse. Es werden Montageprogramme in der Roboterprogrammiersprache erzeugt, die Aufrufe der stan-dardisierten Schnittstellen enthalten, nicht jedoch die eigentlichen Funktionsmodule. Diese werden zur Laufzeit eingebunden. Die Montageprogramme enthalten im wesentlichen technologische Informationen und sind damit weitgehend stationsunabhängig, das stationsspezifische Wissen ist in den Funktionsmodulrümpfen enthalten.

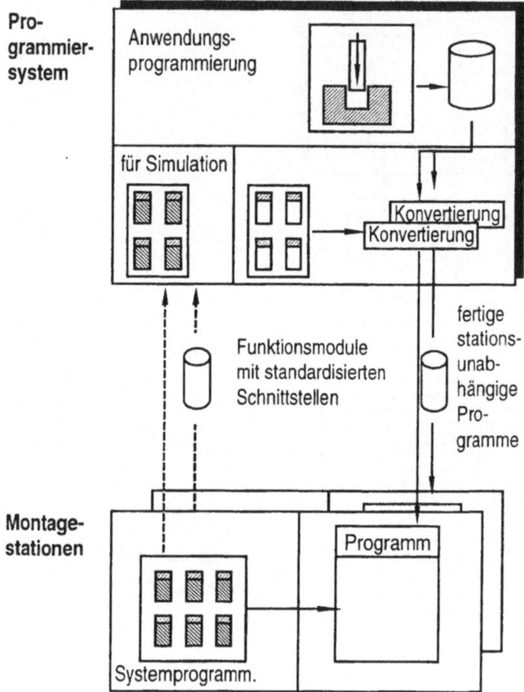

Bild 5.3:
Programmiersystem,
Variante 3

5.1.4 Stationsneutrale Anweisungslisten mit Interpretation zur Laufzeit (Programmiersystem-Variante 4)

Die Variante 4 (Bild 5.4) entspricht der Variante 3, mit der Ausnahme, daß vom Programmiersystem keine Montageprogramme in der Roboterprogrammiersprache erzeugt werden, sondern Anweisungslisten in einem speziellen Format. Diese Anweisungslisten (Dateien) werden zur Laufzeit auf den Robotersteuerungen durch ein spezielles Interpreterprogramm, das die standardisierten Funktionsmodule auftragsspezifisch aufruft, in konkrete Aktionen des Roboters und seiner Peripherie umgesetzt.

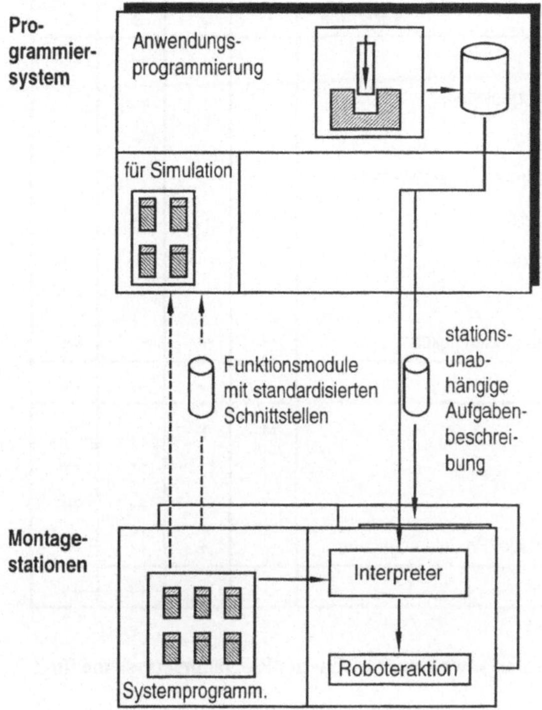

Bild 5.4:
Programmiersystem,
Variante 4

5.1.5 Bewertung

Eine Bewertung der Varianten findet sich in <u>Bild 5.5</u>. Es sind die in Kap. 3 aufgestellten Forderungen als Kriterien zugrunde gelegt. Anforderungen, bei denen sich die Varianten nicht unterscheiden, sind nicht aufgeführt.

Die Varianten 3 und 4 haben im Vergleich zu den anderen Varianten deutliche Vorteile. Aufgrund der großen prinzipiellen Ähnlichkeit werden beide weiterverfolgt.

Kriterien Varianten	1	2	3	4
Effizienz der Programmerstellung	-	+	++	++
(Programmierkomfort für Technologen)				
Sonderfunktionen für Anwender	++		+	- -
(Flexibilität der kompletten Programmiersprache)				
Wiederverwendung von Programmteilen	- -	-	++	++
Austauschbarkeit der erstellten Programme	- -	- -	+	++
zwischen Stationen				
Steuerungs-/Programmiersprachenunabhängigkeit	- -	- -	- -	++
Programmübertragung per MDT	- -	- -	- -	++
Effizienz der erstellten Programme	++	+	-	-
Hoher Autonomiegrad			- -	- -	++
Eignung für Ausweichstrategien	- -	- -	++	++
Eignung für flexible Kleinserienmontage (Produktmix)	- -	+	++	++
Schrittweise Einführbarkeit	- -	+	++	++

Bild 5.5:   Vergleich von Varianten anwendungsorientierter Programmiersysteme für
die Montage;
Bewertung von "besonders geeignet" (++) bis "besonders ungeeignet" (--)

5.2   Lösungsprinzip

Die anwendungsorientierte Programmiermethodik für Montageaufgaben ist gemäß den
Varianten 3 und 4 gekennzeichnet durch

-   Aufteilung der Erstellung von Programmen für Montagestationen in Anwendungspro-
    grammierung und Systemprogrammierung,
-   Systematisierung von Aufgaben in Montagestationen,
-   Teilebezogene Programmierung mit anwendungsbezogenen Begriffen,
-   Schaffung einer höherwertigen Programmierschnittstelle,
-   Umsetzung der anwendungsorientierten Vorgaben zur Laufzeit in geräteorientierte Ak-
    tionen,

- Einschränkung der Flexibilität einer allgemeinen Roboter-Programmiersprache zugunsten einer einfacheren Handhabung.

5.2.1 Aufteilung der Programmerstellung in Anwendungsprogrammierung und Systemprogrammierung

Die Programmerstellung für Roboter-Montagestationen wird aufgetrennt in eine teilespezifische Anwendungsprogrammierung mit anwendungsbezogenen Begriffen und in eine im Rahmen der Stations- bzw. Anlageninbetriebnahme einmalig durchgeführte Systemprogrammierung, die geräte- und technologieorientiert (stationsspezifisch) ist. Für den Anwendungsprogrammierer ist eine werkstückbezogene, anlagenunabhängige Programmierung möglich, anlagenbezogenes Detaillösungswissen wird von einem Systemprogrammierer (Roboterfachmann) eingebracht und bleibt dem Anwendungsprogrammierer verborgen (Bild 5.6). Die für eine Station notwendigen Roboterprogramme lassen sich daher aufteilen in stationsspezifische Programmteile (Bild 5.7) und in die eigentliche

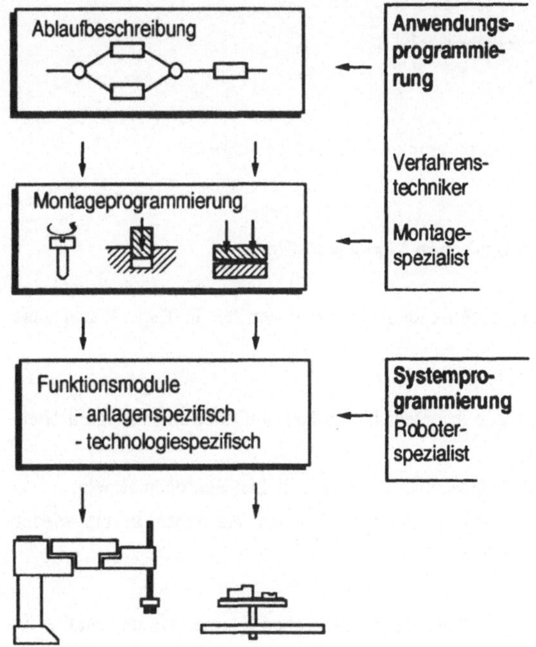

Bild 5.6:
Aufteilung der Programmerstellung in Anwendungsprogrammierung und Systemprogrammierung

Montage-Aufgabenbeschreibung (Anwenderprogramm). Die stationsspezifischen Programmteile sind hierarchisch gegliedert, von anlagennahen Funktionen, die die Grundlage für alle auf dieser Station durchzuführenden konkreten Montageaufgaben bilden, bis hin zu organisatorischen Funktionen.

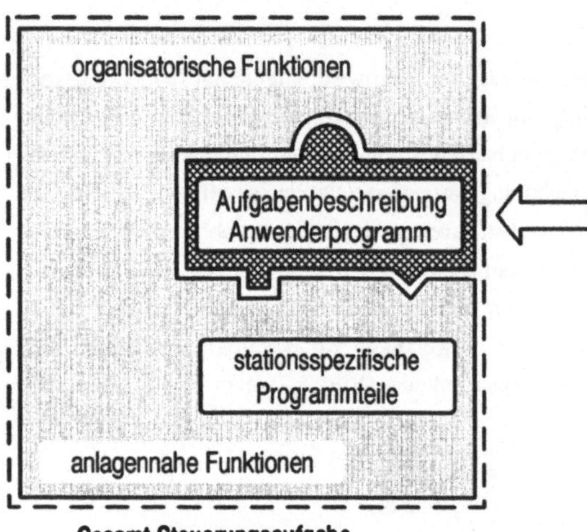

<u>Bild 5.7:</u> Strukturierung von Steuerprogrammen für Montagestationen

5.2.2 Systematisierung von Aufgaben in Montagestationen

Die in einer Montagestation durchzuführenden Aufgaben wurden in Kap. 4 analysiert. Diese Analyse hat gezeigt, daß

- viele teileinvariante Programmteile in unterschiedlichen Stationen in prinzipiell ähnlicher Ausprägung vorkommen,
- gleichartige technologische Abläufe sich bei unterschiedlichen Stationen ähneln,
- unterschiedliche technologische Abläufe aus einer Vielzahl ähnlicher, immer wiederkehrender Grundfunktionen bestehen.

Diese Erkenntnisse legen eine Systematisierung der Aufgaben in einer Montagestation nahe, zum einen, um Funktionen zu finden, die in einer Station mehrfach, für unterschiedliche Zwecke verwendet werden können, zum anderen, um auf unterschiedlichen Stationen gleichartige Funktionen einsetzen zu können.

Diese Systematisierung führt im Sinne eines Vordenkens von Abläufen zu einer Modellierung von Abläufen und zu einer Standardisierung von Funktionen, zumindest jedoch deren Schnittstellen. Darauf aufbauend ist es möglich, einmal erstellte Software wiederzuverwenden, auch auf mehreren Stationen.

Die Gesamtsteuerungsaufgabe einer Station wird vom Systemprogrammierer in Funktionsmodule mit standardisierten Schnittstellen unterteilt. Diese Funktionsmodule werden spezifisch für die konkreten Gegebenheiten einer Montagestation erstellt, mindestens jedoch an diese Gegebenheiten angepaßt, gegebenenfalls sogar rechnergeführt. Somit sind die Aufrufschnittstellen für diese Funktionsmodule - wenn vorhanden - auf allen Stationen identisch, die konkrete Ausprägung des Funktionsmodulrumpfs unterscheidet sich jedoch stationsabhängig. Es ergibt sich dadurch eine anlagenunabhängige Schnittstelle. Die Funktionsmodule sind von organisatorischen Funktionen bis hin zu anlagennahen Funktionen hierarchisch gegliedert.

Die höheren Ebenen dieser hierarchisch gegliederten Funktionsmodule können dem Anwendungsprogrammierer offengelegt werden. Ihm stehen somit höherwertige Funktionen zur Verfügung, auf die aufsetzend er ein Anwendungsprogramm erstellen kann. Durch die Standardisierung der Anwendungsprogrammierschnittstelle über mehrere Stationen hinweg wird die Austauschbarkeit von Anwendungsprogrammen erreicht und damit die Grundlage für ein stationsübergreifendes Störmanagement.

Auf die Systemprogrammierung wird in Kap. 5.3 detailliert eingegangen.

5.2.3 Teilebezogene Programmierung mit anwendungsbezogenen Begriffen

Die Anwendungsprogrammierung erfolgt unter Kontrolle des Planers (Technologe) durch eine Beschreibung des Montageproblems unter schrittweiser Verfeinerung der Detaillierungstiefe. Dem Anwendungsprogrammierer werden komfortable Programmiermittel zur Verfügung gestellt, die speziell auf in der Montage vorkommende Aufgabenstellungen zugeschnitten sind (z.B. "Schraube ..."). Andere Technologien (z.B. Lackieren) können damit nicht abgedeckt werden.

Der Anwendungsprogrammierer erstellt keine Roboterprogramme, sondern beschreibt die eigentlichen Montagevorgänge (Bild 5.8) unter Verwendung montagetechnischer Begriffe (z.B. "Einrenken") mit relativen Positionsangaben der Fügepartner. Dabei werden der Endzustand der einzelnen Montagevorgänge und eventuell notwendige Zwischenpositionen angegeben. Darüberhinaus wird vom Anwendungsprogrammierer die Greifsituation (Teil holen) vorgegeben. Die notwendigen absoluten Positionsangaben, die Abholposition, die Grobbewegungen zwischen den spezifizierten Abläufen (Teil holen, Montagevorgang) und eventuell zusätzlich notwendige Bewegungen (Greiferwechsel) werden zur Laufzeit unter Zuhilfenahme von Anlagenzustandsdaten selbsttätig erzeugt.

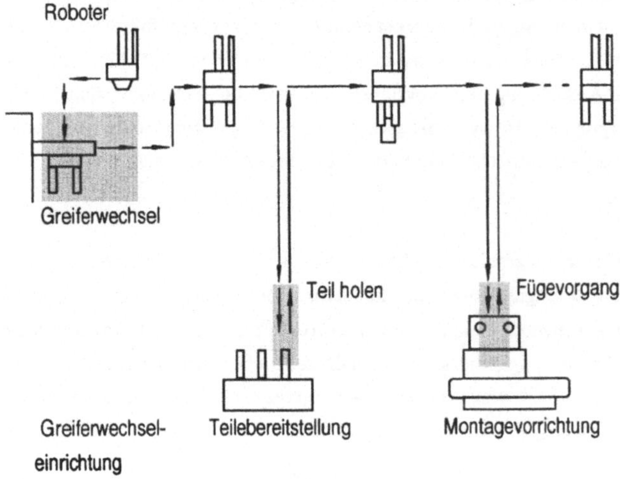

Bild 5.8: Prinzipieller Ablauf eines Montagevorgangs

Die dem Anwendungsprogrammierer zur Verfügung stehenden montagespezifischen Begriffe werden im Rahmen der Inbetriebnahme einmalig vom Systemprogrammierer definiert und als stationsspezifische Programmteile implementiert. Die Verbindung zwischen beiden Arten der Programmierung wird durch die oberste Ebene der stationsspezifischen Funktionsmodule gebildet. Durch die ausschließliche Nutzung dieser höherwertigen Schnittstelle werden Anlagenspezifika dem Anwendungsprogrammierer gegenüber verborgen.

Verglichen mit der herkömmlichen Programmierung von Robotern wird die Schnittstelle zwischen Planungsebene und Ausführungsebene zur Planungsebene hin verschoben mit der Konsequenz einer höheren Stationsautonomie. Die Flexibilität der üblicherweise als Schnittstelle eingesetzten allgemeinen Roboterprogrammiersprache wird zugunsten einer einfacheren Anwendbarkeit problembezogen eingeschränkt.

Die Anwendungsprogrammierung ist in Kap. 5.4 detailliert dargestellt.

5.2.4 Umsetzung der anwendungsorientierten Vorgaben in geräteorientierte Aktionen

Die erzeugte Aufgabenbeschreibung (Anwenderprogramm) ist anwendungsbezogen (technologiebezogen) formuliert und enthält keine Anlagenspezifika. Sie beschreibt ein Fertigungsziel, nicht jedoch den Weg, dieses Ziel zu erreichen. Es ist Aufgabe der Station, diesen Weg unter Berücksichtigung der aktuellen Stationssituation zu finden. Im Vergleich zu herkömmlichen Methoden der Roboterprogrammierung erhöht dies die Autonomie der Station, d.h. die Fähigkeit, auf konkrete Anlagengegebenheiten, darunter auch Abweichungen von einem Normalzustand, zu reagieren und das Erreichen des angestrebten Fertigungsziels sicherzustellen.

Die anwendungsorientierte Aufgabenbeschreibung (Anwendungsprogramm) wird zur Laufzeit durch Einbinden in ein stationsspezifisches Steuerungsprogramm unter Auswertung der Stationsgegebenheiten und des momentanen Stationszustandes in konkrete gerätetechnische Aktionen umgesetzt. Das stationsspezifische Steuerungsprogramm ist in der Roboterprogrammiersprache formuliert und enthält das Wissen über die Station hinsichtlich

- dem Aufbau der Station,
- den technologischen Möglichkeiten,
- den Methoden zur Umsetzung der anwendungsorientierten Vorgaben,
- der Umwandlung der vorgegebenen relativen Werkstückkoordinaten in absolute Koordinaten,
- der Bahnplanung und der Kollisionsvermeidung,
- der Ansteuerung der gerätetechnischen Komponenten.

Wesentliches Element ist eine Zustandsdatenverwaltung, die den Anlagenzustand korrekt widerspiegelt (Konsistenz) und die die Grundlage für die zustandsabhängige Umsetzung der anwendungsorientierten Vorgaben bildet.

Das stationsspezifische Steuerungsprogramm wird, wie bereits erwähnt, vom Systemprogrammierer im Rahmen der Stations- bzw. Anlageninbetriebnahme implementiert und getestet. Dem Anwendungsprogrammierer wird nur die Schnittstelle zu diesem stationsspezifischen Steuerungsprogramm zur Verfügung gestellt.

5.3   Systemprogrammierung

Die Systemprogrammierung hat im Rahmen der anwendungsorientierten Programmiermethodik folgende Aufgaben:

- Inbetriebnahme einer Station durch Bereitstellung getesteter Steuerungsprogramme, die anlagen- und technologiespezifische Gesichtspunkte abdecken,
- Schaffung einer höherwertigen Schnittstelle für technologieorientierte Aufgabenbeschreibungen (Anwenderprogramme).

Die Systemprogramme werden in der Roboter-Programmiersprache erstellt. Im Rahmen der Systemprogrammierung sind grundsätzliche Überlegungen hinsichtlich einer systematischen Gliederung anzustellen, insbesondere zu den Themen Strukturierung der Steuerungsprogramme und Vereinheitlichung von Funktionen.

5.3.1   Systematisierung

Grundlage einer Systematisierung ist eine prinzipielle Analyse von Montagestationen. Diese Analyse wurde in Kap. 4 durchgeführt. Ergänzend müssen bei einer bestimmten Anlage die im einzelnen durchzuführenden Aktionen im Zusammenhang mit den vorhandenen Geräten untersucht werden. Dazu ist eine enge Abstimmung mit anderen betrieblichen Bereichen, im besonderen der Anlagenplanung und dem Vorrichtungsbau notwendig. Bei flexiblen Anlagen ist es nicht möglich, die Anlage auf ein einziges konkretes Produkt abzustimmen, vielmehr muß ein Produktspektrum abgedeckt werden, damit Produkte, die zum Zeitpunkt des Aufbaus der Anlage noch nicht genau bekannt sind, später ebenfalls damit montiert werden können.

Für die Systematisierung sind einige allgemeine Gesichtspunkte zu beachten wie

- Modellierung technologischer Abläufe,
- Strukturierung des Arbeitsbereichs,
- Strukturierung der Stationsaufgaben,
- Schnittstellendefinition,
- Objektorientierung.

5.3.1.1 Modellierung technologischer Abläufe

Die Programmiermethodik beruht in einem wesentlichen Teil auf einer Standardisierung technologischer Abläufe. Eine grundlegende Analyse einiger ausgewählter technologischer Abläufe wurde in Kap. 4 durchgeführt. Entscheidend ist eine Aufgliederung in Teile, die anlagen- und technologiespezifisch sind und in Teile, die vom Anwender im Rahmen der Anwendungsprogrammierung vorgegeben werden müssen. In Bild 5.8 findet sich ein stationsspezifisches Beispiel für einen technologischen Ablauf. Vom Anwender ist nur der Part "Teil holen" und "Fügevorgang" zu spezifizieren. Insbesondere der Ablauf des eigentlichen Montagevorgangs kann weiter systematisch untergliedert werden. Dies findet sich in Kap. 5.3.2.3.

5.3.1.2 Strukturierung des Arbeitsbereichs

Der Arbeitsraum des Roboters wird in Bereiche eingeteilt, zum einen in raumfeste Systembezirke und zum anderen in den sicheren Verfahrbereich (Bild 5.9). Die Systembezirke sind gerätetechnisch orientiert, d.h. ein Systembezirk ist einem Gerät zugeordnet, z.B. einem Greiferspeicher, einer Palettenindexiereinrichtung oder einer Einpreßeinheit. Der sichere Verfahrbereich steht ausschließlich dem Roboter als Bewegungsbereich zur Verfügung, er enthält keine störenden gerätetechnischen Komponenten, so daß in diesem Bereich eine Bewegung ohne Kollisionsgefahr möglich ist. Für jeden Systembezirk muß ein An- und Abfahrweg zum sicheren Bewegungsbereich definiert werden.

5.3.1.3 Strukturierung der Stationsaufgaben

Die Aufgaben in einer Station werden unterschieden in anlagenbezogene, technologiebezogene und organisatorische Aufgaben.

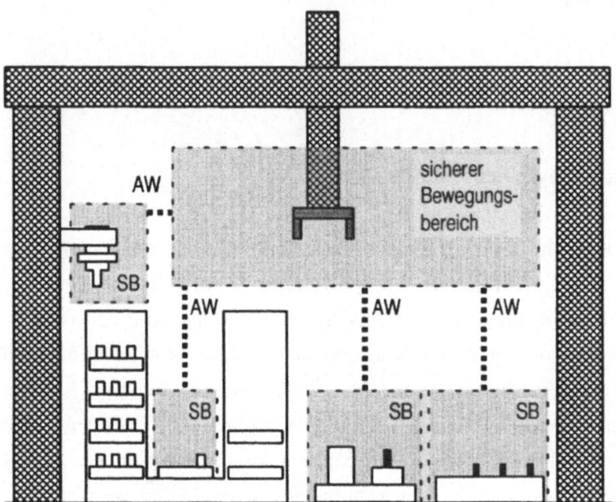

Bild 5.9:   Strukturierung des Arbeitsbereichs
SB: Systembezirk, AW: An- und Abfahrweg

Grundlage bilden die anlagenbezogenen Aufgaben, auf die aufsetzend technologiebezogene Aufgaben realisiert werden können. Zusammen mit einem übergeordneten organisatorischen Rahmen kann dann eine Schnittstelle zur technologieorientierten Anwendungsprogrammierung realisiert werden. Diese Zusammenhänge legen eine Bottom-Up-Vorgehensweise nahe. Damit ist eine schrittweise Inbetriebnahme des Steuerungsprogramms und ebenfalls eine schrittweise Einführung der Programmiermethodik möglich.

5.3.1.4 Schnittstellendefinition

Die Definition einheitlicher Schnittstellen ist notwendig hinsichtlich

- der Schnittstelle zwischen stationsspezifischen Programmteilen und Aufgabenbeschreibung (Anwenderprogramm),

- der Schnittstellen innerhalb des stationsspezifischen Programmteils (Schnittstellen der Funktionsmodule).

Erstere Schnittstelle ist notwendig für die Übertragbarkeit einer einmal erstellten Aufgabenbeschreibung auf eine andere Station (Austauschbarkeit von Anwendungsprogrammen), letztere für die Wiederverwendbarkeit von Steuerungssoftware auf verschiedenen Stationen.

5.3.1.5 Objektorientierung

In der Softwaretechnik hat sich das Prinzip der Objektorientierung bewährt. Unter einem Objekt versteht man die Beschreibung einer Einheit hinsichtlich Struktur (Daten), Verhalten (Funktionen) und Kommunikation nach außen (Nachrichten) /94/.

Das Prinzip der Objektorientierung kann im vorliegenden Fall vorteilhaft auf die anlagenorientierten Aspekte angewandt werden, sofern ein softwaretechnisches Objekt einem gerätetechnischen Objekt zugeordnet ist (<u>Bild 5.10</u>). Konkret bedeutet dies, daß alle Daten und Unterprogramme, die z.B. einen Greiferspeicher betreffen, in einem Funktionsmodul

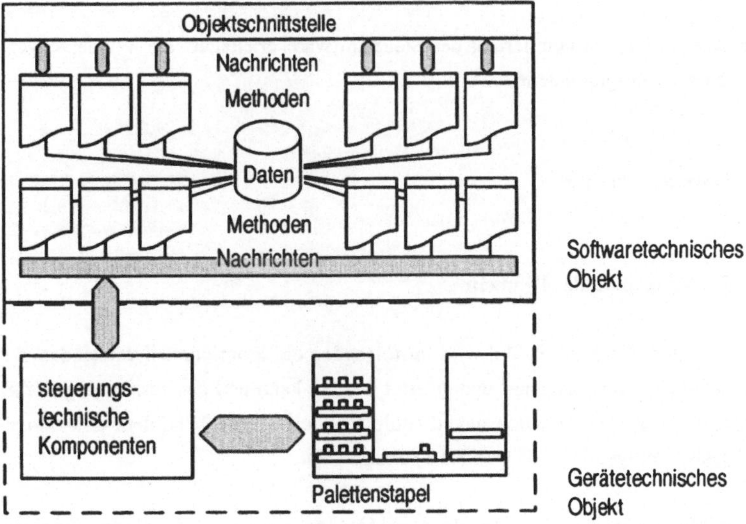

<u>Bild 5.10:</u>   Objektorientierte Gliederung der Steuerungssoftware

zusammengefaßt sind. Die Möglichkeiten des Objekts und die von ihm zu erbringenden Dienste sind in Methoden niedergelegt, d.h. speziellen Unterprogrammen, die über Nachrichten von außen angestoßen werden können. Auf die Daten eines Objekts kann von außen nur indirekt mit genau definierten Nachrichten über interne Methoden zugegriffen werden. Die Summe der Nachrichten und Methoden bildet die Schnittstelle des Funktionsmoduls nach außen, durch die auf die Dienste des Objekts zugegriffen werden kann. Objekte mit dem gleichen Zweck aber mit unterschiedlichen Ausprägungen können über eine einheitliche Schnittstelle angesprochen werden (Nachrichten und Methoden), die Programmteile, die sich hinter diesen Methoden verbergen, differerieren abhängig vom konkreten Aufbau eines Objekts.

Vorteile der objektorientierten Vorgehensweise für die vorgeschlagene Programmiermethodik unter Berücksichtigung der Möglichkeiten marktgängiger Robotersteuerungen sind

- Kapselung: Geräte, Daten und Programme bilden eine Einheit;
- Nachrichten: Die Kommunikation mit dem Objekt (Beauftragung, Zugriff auf Daten) erfolgt über klar definierte Nachrichten; dies fördert die Konsistenz der Daten;
- Information hiding: Informationen, die ausschließlich ein Objekt betreffen, bleiben nach außen hin verborgen; ist dennoch von außen ein Zugriff darauf notwendig, so sind entsprechende Methoden bzw. Nachrichten notwendig.

Eine objektorientierte Strukturierung der Steuersoftware erleichtert die Wiederverwendung bestehender Programmteile.

5.3.2 Funktionsmodule

5.3.2.1 Funktionsmodule allgemein

Unter dem Begriff Funktionsmodul wird im folgenden ein Programmteil verstanden, das getrennt entworfen, implementiert und getestet werden kann und das zusammengehörige Funktionen bündelt. Das Funktionsmodul sollte möglichst weitgehend dem objektorientierten Strukturierungsprinzip (Kap. 5.3.1.5) entsprechen.

Die Gesamt-Steuerungsaufgabe einer Roboter-Montagestation wird gemäß dem Stationsaufbau und gemäß den in Roboter-Montagestationen durchzuführenden Aufgaben untergliedert und hierarchisch geordnet (<u>Bild 5.11</u>). Sie ist gekennzeichnet durch das Zusammenwirken anlagenspezifischer und technologiespezifischer Funktionsmodule mit den Vorgaben einer anwendungsorientierten Aufgabenbeschreibung.

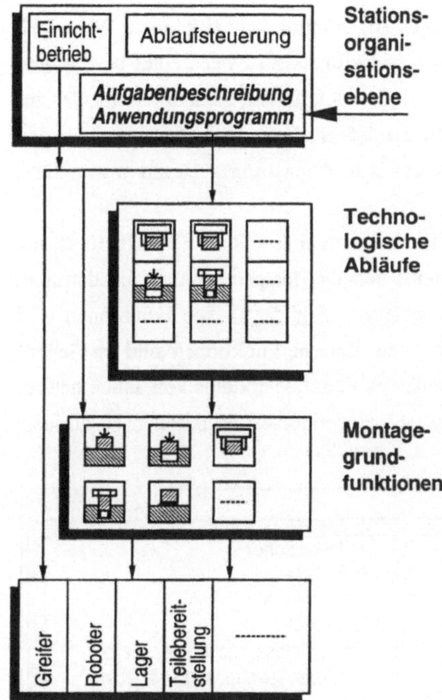

Bild 5.11:
Hierarchische Gliederung
von Steuerprogrammen
für Montagestationen

5.3.2.2 Anlagenbezogene Grundfunktionen

Die anlagenbezogenen Grundfunktionen umfassen diejenigen Teile der gesamten Steuerungsaufgabe, die unmittelbar mit den gerätetechnischen Ressourcen der Montagestation und deren Organisation bzw. Verwaltung befaßt sind, z.B. Funktionen bezüglich

- Roboter,
- Technologiespezifischer Einrichtungen,
- Bereitstellungseinrichtungen für Montageteile,
- Bereitstellungseinrichtungen für Greifer, Werkzeuge und Vorrichtungen.

Auf dieser Ebene sind Funktionen angesiedelt, deren Steuerprogramme mit geringfügigen Änderungen (z.B. Anpassung der E/A-Belegung) auf andere Stationen übertragen werden können, sofern dort eine ähnliche gerätetechnische Ausrüstung vorliegt. Die Standardisierung von Funktionsmodulen kann somit auf dieser Ebene weit vorangetrieben werden, da bei diesen gerätetechnischen Komponenten der Zweck klar ist und fest liegt und somit die Steuerungsprogramme im vorab auf diesen Zweck abgestimmt werden können. Wenn sich ein einheitliches Verständnis von der Art des Einsatzes und vom Zweck eines bestimmten Peripheriegerätes herausgebildet hat, so kann das Geräts komplett zusammen mit der zugehörigen Steuerungssoftware geliefert werden, so daß ein Programmieraufwand für den Anwender praktisch entfällt, allenfalls wird ein gewisser Anpassungsaufwand notwendig.

Als Beispiel seien hier die Funktionen eines Funktionsmoduls GREIFER aufgeführt, die sich auf den Greifer, das Greiferwechselsystem, den Greiferspeicher und die damit in Verbindung stehenden Verwaltungsaufgaben beziehen (Bild 5.12). Die Funktionen sind hier untergliedert in interne und externe Funktionen. Externe Funktionen sind im Gegensatz zu internen Funktionen über die Schnittstelle des Funktionsmoduls von außen her zugänglich. Externe Funktionen setzen sich aus mehreren internen Funktionen zusammen,

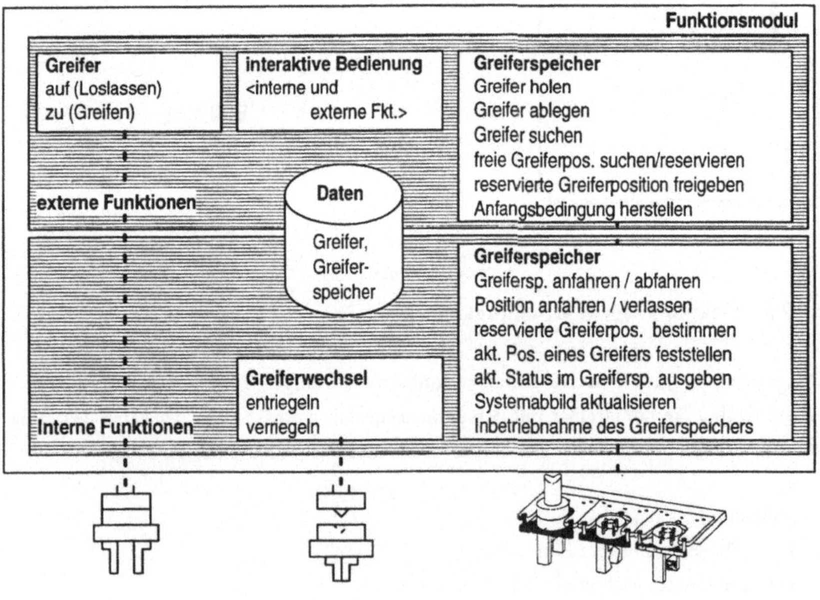

Bild 5.12:   Anlagenbezogene Grundfunktionen - Funktionsmodul GREIFER

die externe Funktion "Greifer holen" beispielsweise wird bei einem Greiferbahnhof als Greiferspeicher (<u>Bild 5.13</u>) zerlegt in die internen Funktionen

- Greiferspeicher anfahren vom sicheren Bewegungsbereich,
- reservierte Greiferposition bestimmen (für alten Greifer),
- Greifer zu,
- Greiferposition anfahren zum Ablegen,
- Greiferwechsel entriegeln,
- Greiferposition verlassen vom Ablegen,
- aktuelle Position des neuen Greifers feststellen,
- Greiferposition anfahren zum Aufnehmen,
- Greiferwechsel verriegeln,
- Greiferposition verlassen vom Aufnehmen,
- Greifer auf,
- vom Greiferspeicher abfahren in den sicheren Bewegungsbereich.

Innerhalb eines Funktionsmoduls besteht somit ebenfalls eine hierarchische Gliederung. Interne Funktionen können dem Anlageneinrichter oder -bediener durch ein internes Einrichtprogramm zur interaktiven Bedienung zugänglich gemacht werden.

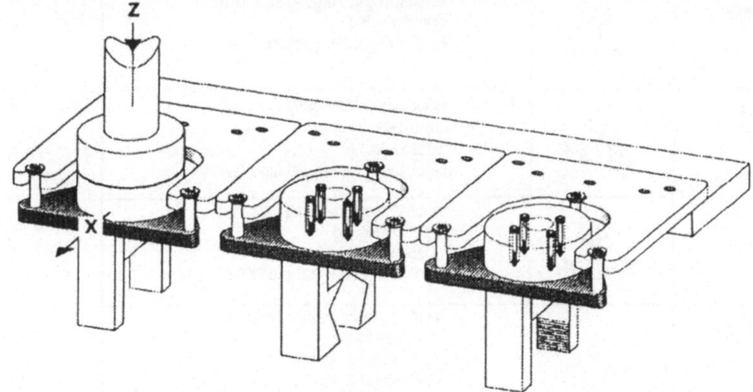

<u>Bild 5.13:</u>   Greiferbahnhof als Greiferspeicher

Die Funktion "Inbetriebnahme" ist ein Programmteil, mit dessen Hilfe Stamm- und Zustandsdaten (Systembezirk, aktuelle Belegung des Greiferspeichers, Ablagepositionen, Anfahrwege u.ä.) rechnergeführt interaktiv und damit einfach eingegeben werden können.

Greifer	Greiferspeicher
Stammdaten	
Greifernummer Greifertypnummer Greifprinzip (von innen, von außen, saugen) Hüllkörper Gewicht, max. Öffnungsweite	Systembezirk Anzahl der Speicherplätze Positionen der Speicherplätze Anfahr-/Abfahrbewegungen
Zustandsdaten	
Ort aktuelle Greiferöffnungsweite	Belegung der Speicherplätze Reservierung für Speicherplätze

Tabelle 5.1:   Daten im Funktionsmodul GREIFER (Beispiel)

Verfahren	Sinnbild	Ablauf
Auflegen		Handhabungsbewegung (optional) Fügebewegung Handhabungsbewegung (optional)
Einlegen		Handhabungsbewegung (optional) Einpaßbewegung Fügebewegung Handhabungsbewegung (optional)
Ineinander- schieben		Handhabungsbewegung (optional) Einpaßbewegung Fügebewegung Handhabungsbewegung (optional)
Einhängen		Handhabungsbewegung (optional) Einpaßbewegung Fügebewegung (lin.) Fügebewegung (lin.) Handhabungsbewegung (optional)
Einrenken		Handhabungsbewegung (optional) Einpaßbewegung Fügebewegung (lin.) Fügebewegung (rot.+lin.) Handhabungsbewegung (optional)

Bild 5.14:   Varianten des Fügeverfahrens Zusammensetzen

Das gesamte Wissen, das für den Betrieb eines Greiferspeichers erforderlich ist, ist in den angeführten Funktionen enthalten und somit gegenüber anderen Nutzern verborgen. Mit den externen Funktionen können gerätetechnisch völlig unterschiedliche Greiferspeicher, wie z.B. Revolvergreifer oder Greiferbahnhof, mit einer einheitlichen Schnittstelle behandelt werden. Die dahinterstehenden Programme sind ebenfalls völlig verschieden.

Die im Funktionsmodul gespeicherten Daten betreffen die im System verfügbaren Greifer und das Greiferspeichersystem. Die relevanten Daten sind in <u>Tabelle 5.1</u> beispielhaft aufgeführt.

5.3.2.3 Montagegrundfunktionen

Montagegrundfunktionen decken die eigentlichen Fügevorgänge ab, d.h. die in Kap. 4.3 definierten technologischen Vorgänge. Es handelt sich um Elemente von Abläufen, die in verschiedenen Abläufen in ähnlicher Form vorkommen. Die hier beispielhaft ausgewähl-

Einpaßbewegung			
Einpaßart	*Kennzeichen*	*Parameter*	*Überwachungskrit. (optional)*
direktes Anfahren	Nutzung systembedingter Nachgiebigkeiten/Toleranzen	-	Zeit
Suchstrategie	kreis- oder spiralförmige Lochsuche	Punktabstände, Anzahl Versuche	Zeit, max. Radius des Suchkreises
sensorunterstütztes Einpassen	Querkraftminimierung an Fügefase	Maximalkraft in Querrichtung	Maximalkraft in Fügevorschubrichtung
Einpaßstrategie	schräg ansetzen, einschwenken	Anfahrvektor, Anfahrwinkel	Maximale Andruckkraft

<u>Tabelle 5.2:</u> Varianten der Einpaßbewegung (Auswahl; die Parameter aller Varianten beinhalten Position und Vorschubgeschwindigkeit)

ten und dargestellten Funktionen des Zusammensetzens (<u>Bild 5.14</u>) unterscheiden sich hinsichtlich geometrischer Restriktionen/Freiheitsgrade, hinsichtlich interner Abläufe und hinsichtlich der vorzugebenden Parameter.

Wesentliche Teilelemente der dargestellten Verfahren und damit Montagegrundfunktionen sind das Einpassen (<u>Tabelle 5.2</u>) und die eigentliche Fügebewegung (<u>Tabelle 5.3</u>) jeweils mit Varianten. Mit Hilfe der Einpaßbewegung wird ein eventueller Fügeversatz ausgeglichen und eine Fügeausgangsstellung herbeigeführt, von der ausgehend der Fügevorgang erfolgreich durchgeführt werden kann. Endekriterium beim Einpassen ist das Erreichen der vorgegebenen Eindringtiefe in das Basisteil. Die Fügebewegung ist eine Relativbewegung der beiden Fügepartner zueinander auf dem Wege zwischen Fügeausgangsstellung und -endstellung. Mit Hilfe der angegebenen optionalen Überwachungskriterien ist eine Erfolgskontrolle bzw. Fehlerüberwachung der Funktionen möglich.

Fügebewegung			
Fügeart	*Parameter*	*Endekriterium*	*Überwachungskrit.* *(optional)*
Positions- gesteuert	Endposition, Geschwindigkeit	Endposition	Maximalkraft
Endkraft- gesteuert	Bewegungsvektor, max. Geschwindigkeit	Endkraft	Endposition, Maximalzeit
End- und querkraft- gesteuert	Bewegungsvektor, max. Geschwindigkeit	Endkraft	Endposition, max. Querkraft, Maximalzeit
Kraftverlauf- gesteuert	Bewegungsvektor, max. Geschwindigkeit, Kraft(verlauf) - in Bewegungsrichtung - quer zur Bewegungsricht. Sensorregelparameter	Fügekraft	Endposition, Maximalzeit, Kraftmaxima

<u>Tabelle 5.3:</u>   Varianten der Fügebewegung (Auswahl)

Daneben sind für darüber hinausgehende, in Kap. 4 analysierte technologische Abläufe noch weitere beispielhaft genannte Montagegrundfunktionen notwendig, die wiederum über eine zum Teil beträchtliche Anzahl von Varianten verfügen:

- Schrauben,
- Kleber auftragen,
- Halten mit definierter Kraft,
- Teil holen,
- Teil ablegen,
- allgemeine Handhabungs- und Bewegungsfunktion.

5.3.2.4 Technologische Abläufe

Zur Abwicklung eines Montagevorgangs sind begleitende Aktivitäten notwendig, die über die Montagegrundfunktionen hinausgehen, mit denen der unmittelbare Fügevorgang abgedeckt wird. Die entsprechenden Zusammenhänge sind in Kap. 4.3 analysiert. Für jede einzelne Station müssen spezifische prozeßbezogene Abläufe festgelegt werden. Diese Abläufe sind sowohl abhängig von der Struktur der Montagestation als auch von technologischen Randbedingungen. Diese Abläufe müssen ebenfalls spezifisch für eine bestimmte Station erstellt, zumindest jedoch an ihre Gegebenheiten angepaßt werden.

In Tabelle 5.4 sind die technologischen Abläufe der in Kap. 4.5 beschriebenen Montage- und Kommissionierstation beispielhaft dargestellt. Aufgrund des Fehlens von Handhabungsvorgängen für das Basisteil und das fertig montierte Teil ergeben sich für diesen Fall relativ einfache technologische Abläufe.

Die technologischen Abläufe werden von der Aufgabenbeschreibung (Anwenderprogramm) aufgerufen. Sie dienen somit dazu, die stationsneutrale Aufgabenbeschreibung mit stationsspezifischen Gegebenheiten zu verbinden. Die für eine spezifische Station definierten Abläufe beschreiben in ihrer Gesamtheit die anwendungsspezifischen Möglichkeiten einer Montagestation.

Diese Schnittstelle zwischen Aufgabenbeschreibung und Anlage muß in ihrer Struktur für alle Stationen einer Anlage einheitlich sein, um die Übertragbarkeit von Anwendungsprogrammen zwischen Stationen zu gewährleisten. An dieser Schnittstelle müssen neben den erwähnten technologiebezogenen Funktionen auch anlagenbezogene Funktionen für Be-

reitstellungsaufgaben vorgesehen werden, z.B. Funktionen zur automatischen Anlagenumrüstung (neuer Greifer) oder zur automatischen Teilebereitstellung (vgl. Tabelle 5.4).

Technologischer Ablauf	Zerlegung/Ablauf

Zusammensetzen
    mit den Varianten
    - Auflegen
    - Einlegen
    - Ineinanderschieben
    - Einhängen
    - Einrenken
	Greifer für Fügeteil holen
	Fügeteil bereitstellen (optional)
	Fügeteil holen
	Zusammensetzen (alle Varianten)
	Greifer für Fügeteil ablegen

Kommissionieren	Greifer für Teil holen Teil bereitstellen ***Teil holen*** ***Zusammensetzen (s.o.)*** Greifer für Teil ablegen
Palette einlagern	Greifer für Palette holen Palette holen freien Palet.speicherplatz suchen/reserv. Palette ablegen Greifer für Palette ablegen
Palette auslagern	Greifer für Palette holen Palette holen reservierten Speicherplatz freigeben Palette ablegen (auf Transfersystem)
Greifer einlagern	Greifer ablegen Greifer holen (von Palette) freie Greiferposition suchen/reservieren Greifer ablegen
Greifer auslagern	Greifer ablegen Greifer holen reservierte Greiferposition freigeben Greifer ablegen (auf Transportpalette)

Tabelle 5.4:   Technologische Abläufe für eine Kommissionier- und Montagestation mit
Zerlegung in Teilaufgaben;
    (***kursiv/fett***: teilespezifische Programmierung erforderlich)

Die technologischen Abläufe beinhalten Bewegungen des Roboters u.a. zu Teile-, Werkzeug-, Greifer- und Vorrichtungsbereitstellungseinrichtungen. Ausgangs- und Endpunkt der Einzelbewegungen zu den jeweils zugeordneten Systembezirken liegen im sicheren Bewegungsbereich (Kap. 5.3.1.2). Diese Einzelbewegungen werden jeweils durch ein Verfahren des Roboters im sicheren Bewegungsbereich verbunden.

5.3.2.5 Funktionen der Stationsorganisation

In der Stationsorganisationsebene ist die Ablaufsteuerung angesiedelt (Bild 5.11). Sie koordiniert und synchronisiert die übrigen Stationsfunktionen und aktiviert diese bei Bedarf. Die Ablaufsteuerung ist im Automatikbetrieb aktiv. Sie bildet einen stark stationsspezifischen, ständig durchlaufenen organisatorischen Rahmen, aus dem heraus in Abhängigkeit

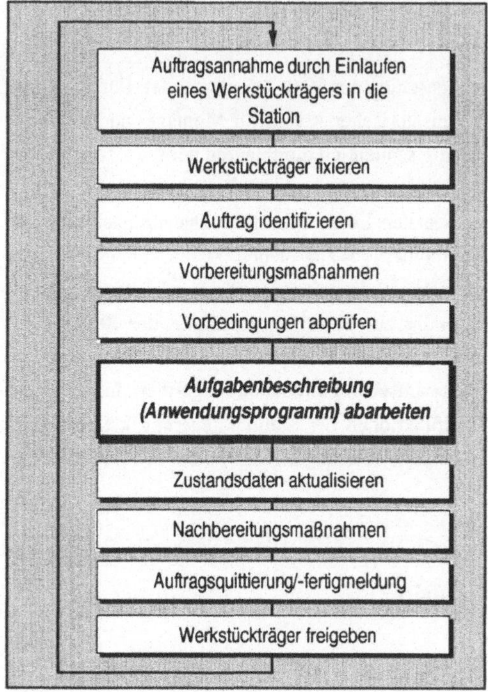

Bild 5.15:   Ablaufsteuerung in der Stationsorganisationsebene

vom aktuellen Montageauftrag technologisch orientierte Abläufe gestartet werden. Die auftragsspezifische Folge und die kennzeichnenden Parameter dieser technologisch orientierten Abläufe sind in der Aufgabenbeschreibung (Anwenderprogramm) niedergelegt. Die Stationsablaufsteuerung wickelt außerdem die Kommunikation mit übergeordneten Steuerungsebenen (Zellenrechner) ab.

Eine wichtige Aufgabe der Stationsorganisationsebene ist die Abarbeitung der Aufgabenbeschreibungen. Überlegungen zur Schnittstelle der Anwendungsprogramme finden sich in Kap. 5.3.8. Bei der Abarbeitung der Aufgabenbeschreibungen sind u.a. folgende Aufgaben durchzuführen:

- Lage von Teilen feststellen: dazu ist eine stationsspezifische Suchstrategie implementiert, die mögliche Lagerstellen durchsucht;
- Transformation von Lagedaten: die aktuelle Lage von Teilen und in Aufgabenbeschreibungen angegebene Ziele oder Zwischenziele werden in das Roboterkoordinatensystem transformiert.

Als Beispiel wird die Struktur der Montagestation aus Kap. 4.5 verwendet. Für Montagestationen dieses Typs ergibt sich ein organisatorischer Ablauf für Montage- und Kommissionieraufträge gemäß <u>Bild 5.15</u>, der ständig sequentiell durchlaufen wird.

Parallel zur Ablaufsteuerung ist in der obersten Ebene der Stationssteuerungsfunktionen eine Funktion zur Durchführung des Einrichtbetriebs angesiedelt. Damit können manuelle Umrüstmaßnahmen unterstützt werden, wobei gleichzeitig das steuerungsinterne Systemabbild aktualisiert wird. Dies ist notwendig zur Konsistenzerhaltung der Stations-Zustandsdaten. Analog zur Ablaufsteuerung im Automatikbetrieb werden im Einrichtbetrieb die unterlagerten anlagen- und aufgabenspezifischen Funktionen aufgerufen, insbesondere deren organisatorische Aspekte, die Teilfunktionen der Stationssteuerung können somit einzeln interaktiv bedient werden. Die konkrete Ausprägung der Funktion Einrichtbetrieb ist ebenfalls stark anlagenabhängig.

5.3.2.6 Realisierung von Funktionsmodulen

Die Funktionsmodule werden im Rahmen der Systemprogrammierung in der Roboterprogrammiersprache erstellt, d.h. der Systemprogrammierer erstellt die Programmteile in der vom Roboterlieferanten bereitgestellten Standard-Programmiersprache (Steuerungseingabesprache). Diese Vorgehensweise bietet die größte Flexibilität.

Für Teilaufgaben, die besonders hohe Anforderungen an eine kurze Ausführungszeit stellen und die zusätzlich eine hohe Standardisierbarkeit aufweisen, kann alternativ vom Steuerungshersteller die Programmiersprache und damit das Laufzeitsystem der Steuerung um diese Funktionen erweitert werden. Beispiele dafür sind Palettier- und Depalettieraufgaben, deren Verarbeitungsvorschrift unabhängig von einer konkreten Ausprägung standardisierbar ist, oder aber Aufgaben der Geometrieverarbeitung, die hohe Anforderungen an kurze Ausführungszeiten stellen. Diese Vorgehensweise entspricht der Bereitstellung technologiebezogener Zyklen bei Steuerungen für Werkzeugmaschinen /26/.

5.3.3   Bahnplanung

Während explizite Programmierverfahren Roboterbewegungen direkt vorgeben, müssen diese bei implizit arbeitenden Systemen unter Auswertung der anwendungsspezifischen Vorgaben möglichst automatisch abgeleitet werden, ohne daß Kollisionen auftreten. Die Bewegungsziele sind anwendungsspezifisch, die Verfahrwege zwischen diesen Zielen richten sich nach den Stationsgegebenheiten. Bei der vorgestellten Programmiermethodik werden die Aufgabenbeschreibungen zur Laufzeit ausgewertet, deshalb müssen Bahnplanung und Kollisionsvermeidung ebenfalls zur Laufzeit arbeiten.

Zum Thema der Bahn- oder Trajektorienplanung und der Kollisionsvermeidung wurden zahlreiche Untersuchungen durchgeführt /66, 67, 95/. Die vorgeschlagenen Algorithmen erfordern eine erhebliche Rechenleistung, die auf herkömmlichen Robotersteuerungen nicht zur Verfügung steht. Die Algorithmen können daher nicht als echtzeitfähig bezeichnet werden.

Zum Zwecke der Bahnplanung und Kollisionsvermeidung wird ein pragmatisches Verfahren eingesetzt, das auf der Strukturierung des Arbeitsbereichs des Roboters in abgegrenzte, geräteorientierte Bereiche (Kap. 5.3.1.2) basiert.

Der Roboter ist die Bewegungseinheit der Montagestation. Mit ihm sind somit die Kollisionsprobleme in dieser Station verknüpft. Es wird im Rahmen der Systemprogrammierung ein Bereich reserviert ("sicherer Bewegungsbereich"), in dem keine Stationskomponenten angebracht sind, und der ausschließlich dem Roboter mit Greifer/Werkzeug für

Verfahrbewegungen zur Verfügung steht. Für alle gerätetechnischen Einrichtungen, die mit Roboterbewegungen zusammenhängen, wird ein Bereich (Systembezirk) definiert (Bild 5.9). Zwischen jedem Systembezirk und dem sicheren Bewegungsbereich werden Bewegungspfade vom Systemprogrammierer vorgegeben. Die Endpunkte aller Bewegungspfade liegen im sicheren Bewegungsbereich. Alle diese Endpunkte können auf direktem Wege im sicheren Bewegungsbereich verbunden werden.

Grundlage dieser pragmatischen Vorgehensweise ist ein klar strukturierter und übersichtlicher Arbeitsbereich. Die Gesamtbewegung wird aufgeteilt in eine anlagenspezifisch vorgegebene Grobbewegung im sicheren Bewegungsbereich und auf den Bewegungspfaden und in eine vom Anwender definierte teilespezifische Feinbewegung innerhalb der Systembezirke. Diese pragmatische Vorgehensweise zur Bahnplanung und zur Kollisionsvermeidung kann in der Roboterprogrammiersprache realisiert werden.

5.3.4 Geometrieverarbeitung

Für die Übertragbarkeit von Programmen auf unterschiedliche Stationen ist bei der Anwendungsprogrammierung eine werkstückbezogene Sicht erforderlich. Dies bedeutet, daß die Aufgabenbeschreibungen keine Stationsspezifika enthalten. Daraus folgt, daß die geometrischen Beziehungen von Montageteilen zur Durchführung von Montageoperationen relativ zu spezifizieren sind, d.h. die Vorgaben spiegeln die relative Lage von Werkstücken zueinander wider.

Die zur Bewegungssteuerung notwendigen geometrischen Beziehungen im Roboterkoordinatensystem werden durch die Transformation der Relativkoordinaten in das Roboterkoordinatensystem unter Auswertung aktueller Zustandsdaten zur Laufzeit abgeleitet. Dazu ist eine Funktion notwendig, die die momentane Lage eines Werkstücks durch Suche in der Station feststellt und dessen Koordinaten und das Bezugskoordinatensystem liefert. Durch Koordinatentransformation kann daraus die für die Roboterbewegung notwendige Positionsangabe im Roboterkoordinatensystem berechnet werden. Es muß sichergestellt sein, daß Lage und Bezugssysteme aller Werkstückkoordinatensysteme ständig aktuell gehalten werden.

Es ergibt sich eine Koordinatensystemhierarchie, die in Bild 5.16 dargestellt ist. Bei den jeweiligen Koordinatensystembeziehungen ist angegeben, wodurch die Relation bestimmt wird. Beispielhaft dargestellt ist eine Situation, wo ein Werkstück, das von einem an einem Roboter angebauten Greifer gehalten wird, in ein anderes Werkstück gefügt werden soll, das sich auf einem Werkstückträger befindet, der wiederum auf einer Indexiereinrichtung fixiert ist. Von der Anwendungsprogrammierung ist nur die Relation der beiden Werkstücke relativ zueinander vorgegeben.

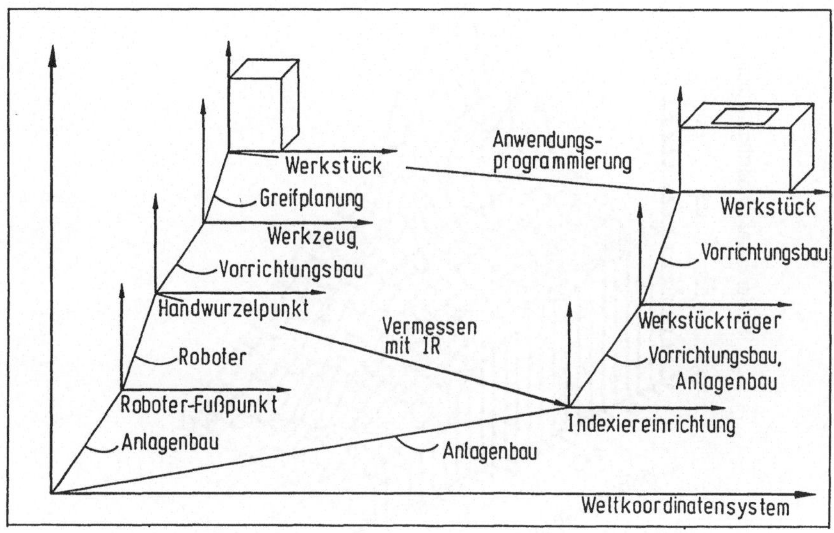

<u>Bild 5.16</u>: Koordinatensystemhierarchie

5.3.5 Kalibrierung

Ein wesentliches Problem heutiger Off-line-Programmiersysteme sind Modellfehler, d.h. Unterschiede zwischen der Wirklichkeit in der Fertigungszelle und des Modells der Wirklichkeit, das im Programmiersystem verwendet wird /96/. Die bedeutendste Fehlerquelle dabei sind die exemplarspezifischen Abweichungen des Roboters, die aufgrund der unzureichenden absoluten Positioniergenauigkeit zu Positionierfehlern führen /97/. Diese Modellfehler machen es notwendig, off-line-erzeugte Roboterprogramme vor Ort in der Station durch Teach-in anpassen zu können.

In <u>Bild 5.17</u> ist für einen häufig bei Montageaufgaben eingesetzten 6-achsigen Gelenk-armroboter die Positionierabweichung in z-Richtung für einen Ausschnitt des Arbeitsbe-reichs aufgetragen /98/. Die maximale Abweichung zwischen vorgegebener und tatsäch-lich erreichter Position in z-Richtung beträgt mehr als 2 mm.

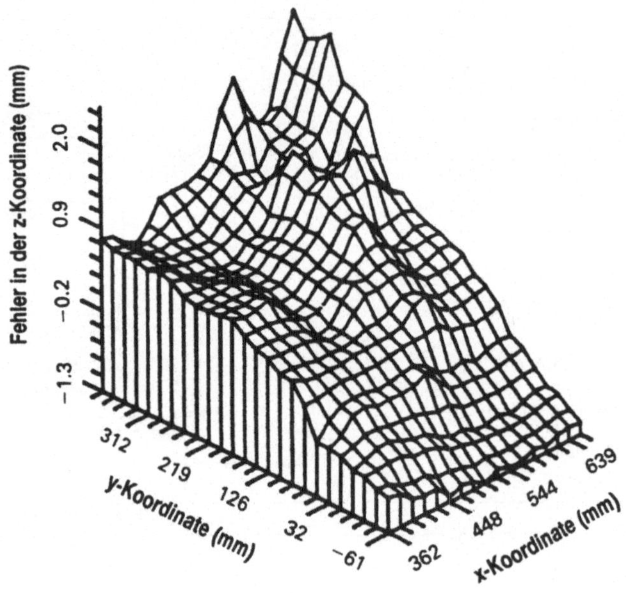

<u>Bild 5.17:</u> Positionierfehler eines 6-achsigen Gelenkarmroboters in z-Richtung (nach /98/)

Zur Elimination dieser Fehler sind zahlreiche Vorgehensweisen zur Kalibrierung vorge-schlagen worden /96 - 100/. Viele dieser Verfahren beruhen auf einer exakten Vermes-sung des eingesetzten Roboters mit Hilfe aufwendiger Meß- und Modellierverfahren.

Die in Kap. 5.3.1.2 vorgenommene Strukturierung des Arbeitsbereich des Roboters eröff-net eine einfache Möglichkeit zur Kalibrierung des Roboters zusammen mit der Stations-peripherie. Ausgangspunkt der Überlegung ist die Unterteilung des Arbeitsbereichs in ei-nige wenige kleinere, gerätetechnisch orientierte Systembezirke. <u>Bild 5.17</u> ist zu entneh-men, daß die relativen Abweichungen in einem kleineren Ausschnitt des Arbeitsbereichs kleiner sind als die Abweichungen im gesamten Arbeitsbereich. Wird der betrachtete Ausschnitt des Arbeitsbereichs hinreichend klein gewählt, so genügen die relativen Positionsfehler innerhalb dieses Bereichs den Anforderungen der Montagevorgänge. Es ist somit ausreichend, die Position eines hinreichend kleinen Systembezirks mit Hilfe des Roboters zu vermessen und somit dessen Lage im Roboterkoordinatensystem zu bestimmen. Dazu werden Meßpunkte mit einer an den Roboter anstelle eines Werkzeugs angebauten Meßspitze angefahren.

Dieser Sachverhalt ist in <u>Bild 5.16</u> durch die Beziehung "Vermessen" gekennzeichnet. Mit dieser Beziehung wird die Kette der Koordinatensysteme, die zur Transformation der relativen Teilebeziehung in das Roboterkoordinatensystem durchlaufen werden muß, deutlich verkürzt. Es ist damit möglich, ohne den Umweg über ein Weltkoordinatensystem Roboter und Peripherie gleichzeitig und gemeinsam zu kalibrieren. Die Vorgehensweise verwendet anstelle der absoluten globalen Genauigkeit die relative lokale Genauigkeit.

5.3.6 Inbetriebnahme

Die Inbetriebnahme ist der Teil der Systemprogrammierung, bei dem nach erfolgter Systematisierung die für eine Station notwendigen Systemprogramme erstellt oder angepaßt werden. Im einzelnen sind folgende Aktivitäten notwendig:

- **Auswahl, Anpassung oder Erstellung anlagenbezogener Grundfunktionen**
  Anlagenbezogene Grundfunktionen orientieren sich an der gerätetechnischen Ausrüstung einer Station. Die Funktionsweise und Aufgabenstellung bestimmter Geräte liegt fest. Für ein spezifisches Gerät erstellte Grundfunktionen können auf neue Stationen übernommen werden, notwendig sind i.a. nur kleinere Anpassungen, z.B.

  - E/A-Belegung der Steuerung,
  - Systembezirke definieren und vermessen,
  - Anfahr- und Abfahrbewegungen,
  - Anzahl und Anordnung von Speicherplätzen.

Die anlagenbezogenen Grundfunktionen können daher i.a. in ihrem Kern aus Katalogen oder Datenbanken entnommen werden.

- **Anpassung von Montagegrundfunktionen**

Montagegrundfunktionen bilden die Grundelemente technologischer Abläufe. Sie sind im Kern anlagenunabhängig. Die Grundfunktionen können von Anlagen mit ähnlicher technologischer Ausrichtung mit geringen Anpassungen übernommen werden.

- **Erstellung technologischer Abläufe**

Technologische Abläufe liegen in ihrem prinzipiellen Ablauf nach einer Systematisierung fest, sie müssen an die Anlagenspezifika lediglich angepaßt werden, i.a. durch Einbinden der entsprechenden anlagenbezogenen Grundfunktionen und Montagegrundfunktionen.

- **Erstellung der Stationssteuerungsfunktionen**

Die Stationsorganisationsfunktionen steuern und synchronisieren die Aufgaben und Aktivitäten einer Station. Sie sind anlagenspezifisch zu erstellen, entsprechend der Anlagenstruktur hinsichtlich

- Auftragsannahme,
- Auftragsabarbeitung,
- Auftragsquittierung,
- vorbereitende und nachbereitende Maßnahmen.

Die Funktionen für den Einrichtbetrieb sind ebenfalls spezifisch für eine bestimmte Station zu erstellen. Entscheidend für den zu realisierenden Funktionsumfang sind die Eingriffsmöglichkeiten, die einem Anlagenbediener zugestanden werden sollen, hinsichtlich

- Anlagenumrüstung,
- Ausnahmebehandlung,
- manuelle Bedienung von Anlagenteilen.

Programmerstellung und Parameter- bzw. Dateneingabe zur Erfassung der Anlagenspezifika für die notwendigen Funktionsmodule können auf verschiedenen Wegen durchgeführt werden:

- manuell unter Nutzung des üblichen Roboterprogrammiersystems,
- rechnergeführte Inbetriebnahme
    - Inbetriebnahmeprogramm auf der Robotersteuerung,

- Inbetriebnahmeprogramm auf einem an die Robotersteuerung angeschlossenen Inbetriebnahmerechner (Generiersystem).

Die beiden letzteren Methoden sind nur dann sinnvoll, wenn eine weitgehende Standardisierung von Komponenten, Funktionen, Programmiersprachen und zugehörigen Schnittstellen stattgefunden hat, wodurch die Erstellung eines rechnerunterstützten Inbetriebnahme- und Generiersystems für Systemprogramme von Roboter-Montagestationen gerechtfertigt werden kann. Ein solches System kann in starkem Maße die Wiederverwendung bestehender Systemprogramme durch Katalogauswahl und durch automatische Auswahl aufgrund der gerätetechnischen Anlagenkonfiguration fördern.

5.3.7 Konsistenzerhaltung/Zustandsverwaltung

Der korrekten steuerungsinternen Abbildung des Zustands in der Station kommt für eine Umsetzung der anwendungsbezogenen Aufgabenbeschreibung in Aktionen der Roboterstation besondere Bedeutung zu. Insbesondere werden exakte Daten benötigt über

- verfügbare Werkzeuge mit Lage- und Zustandsinformationen,
- verfügbare Greifer mit Lage- und Zustandsinformationen,
- verfügbare Teile mit Lage- und Zustandsinformationen,
- Gerätezustand.

In Anwendungsprogrammen dürfen keine Stationszustandinformationen und ebenfalls keine Voraussetzungen (Annahmen) diesbezüglich enthalten sein, da

- Anwendungsprogramme auf unterschiedlichen Stationen ablauffähig sein sollen,
- der Anlagenzustand zum Zeitpunkt der Ausführung eines Anwendungsprogramms im allgemeinen nicht mit einem zum Erstellungszeitpunkt angenommenen Zustand übereinstimmen kann,
- verschiedene, nacheinander ablaufende Anwenderprogramme jeweils den Anlagenzustand verändern.

Die Verwaltung der Zustandsdaten muß daher in den stationsspezifischen Teilen des Stationssteuerungsprogramms erfolgen, sie ist wesentlicher Bestandteil der Funktionsmodule für anlagenbezogene Grundfunktionen. Parallel zu den anlagenbezogenen Funktionen, die den physischen Zugriff auf die Ressourcen durchführen, existieren Funktionen zur Aktualisierung der Zustandsdaten (partielles Weltmodell). Die Konsistenz der Zustandsdaten wird durch die gemeinsame Ausführung physischer und modellorientierter Aktionen gewährleistet. Veränderungen in der Wirklichkeit werden im Modell nachgezogen. In den Funktionsmodulen sind somit die Kontextabhängigkeiten verborgen, sowohl was die geräteorientierten Zustandsdaten angeht, als auch die Beziehungen von Teilen, Werkzeugen, Greifern und Vorrichtungen.

5.3.8 Anwendungsprogrammierschnittstelle

Als Beschreibungsform für Aufgabenbeschreibungen zur Ausführung auf Montagestationen (Bild 5.7) sind zwei Varianten möglich, zum einen eine direkte Formulierung der Programme in der Roboterprogrammiersprache, zum anderen die Verwendung einer montageorientierten Anweisungslistensprache (Dateien), die auf den Roboter-Montagestationen mit Hilfe eines einfachen Interpreters verarbeitet werden (Bild 5.18). Der Interpreter ist in der Roboterprogrammiersprache zu erstellen. Beide Varianten weisen denselben Funktionsumfang auf, sie unterscheiden sich in der Form der Darstellung und daraus folgend in der Art der Verarbeitung auf der Steuerung. Der Vorteil der ersten Lösung (Variante a) ist die einfachere Verarbeitung in einer Robotersteuerung, für die zweite Va-

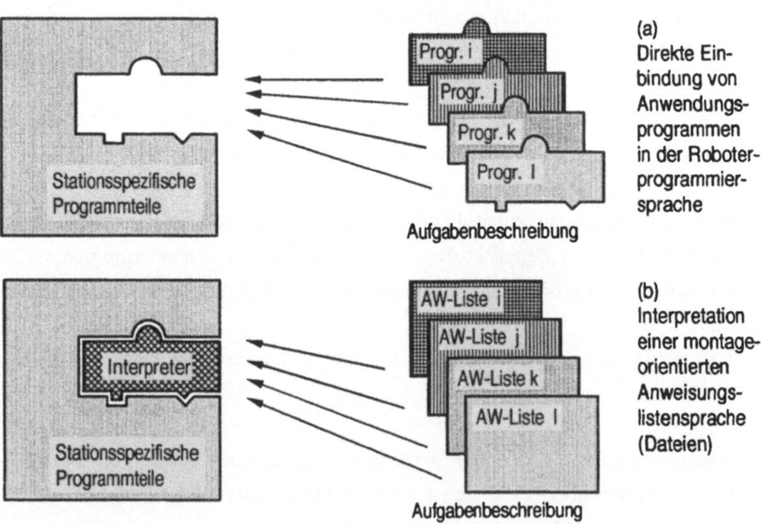

<u>Bild 5.18:</u> Varianten zur Realisierung der Anwendungsprogrammierschnittstelle

riante (Variante b) spricht die Unabhängigkeit von einer bestimmten Roboterprogrammiersprache und die daraus folgende Steuerungsunabhängigkeit und außerdem die Möglichkeit zur Übermittlung der Aufgabenbeschreibung via werkstückbegleitendem Datenfluß (Dateien als Aufgabenbeschreibung auf mobilem Datenträger).

In Tabelle 5.5 ist die Struktur einer Aufgabenbeschreibung anhand einer Einlegeaufgabe dargestellt (vgl. Bild 5.14). Notwendig sind allgemeine Angaben zu den beteiligten Teilen, den vorgesehenen Greifern, Werkzeugen oder Vorrichtungen, der Greifrelation, d.h. der Art und Weise, wie ein Teil gegriffen wird, und der Endlage des Fügeteils oder mitbewegter Teile. Letzteres ist notwendig für die Konsistenzerhaltung der Zustandsdaten (Teilelage) bei Teilen, die ihre endgültige Endlage nicht aufgrund einer vom Roboter durchgeführten Bewegung einnehmen, sondern z.B. aufgrund von Schwerkrafteinflüssen oder durch das Bewegen kinematisch verkoppelter Teile. Die durchzuführende Montageaufgabe ist im Ablaufteil enthalten.

<table>
<tr><td>Aufgabenbeschreibung (Beispiel)</td></tr>
<tr><td>

allgemeine Angaben:
- Basisteil: Bezeichnung, Abmessungen, Toleranzen
- Fügeteil: Bezeichnung, Abmessungen, Toleranzen
- Greifertyp
- Relation Greifer - Fügeteil (Greifrelation)
- Relation Basisteil - Vorrichtung (optional)
- Endlage Fügeteil bzgl. Basisteil (optional)
- Endlage mitbewegter Teile bzgl. Basisteil (optional)

</td></tr>
<tr><td>

Ablaufangaben:
- Einlegen, Fügeausgangsposition, ..
- Einpaßbewegung mit Suchstrategie, Einpaßposition, ..
- Fügebewegung positionsgesteuert, Fügeendposition, ..

</td></tr>
</table>

Tabelle 5.5:   Struktur einer Aufgabenbeschreibung am Beispiel eines Einlegevorgangs

5.4   Anwendungsprogrammierung

Im Rahmen der Anwendungsprogrammierung wird mit aufgabenorientierten, d.h. hier montageorientierten Begriffen die Montageaufgabe beschrieben. Dies wird von einem Verfahrenstechniker durchgeführt, einem Spezialisten, der das Wissen einbringt, wie und mit welchen Vorgaben eine Montageaufgabe im einzelnen durchzuführen ist.

Die Kontrolle des Planungs- und Programmierprozesses obliegt dem Anwendungsprogrammierer. Es werden keine Methoden eingesetzt, deren Funktionsweise nicht nachvollziehbar ist (KI-Systeme). Insbesondere ist kein vollautomatisches Aktionsplanungssystem notwendig, sondern eine rechnerunterstützte Arbeitsweise, bei dem der Programmierer im Mittelpunkt steht und vom Programmiersystem unterstützt wird. Der Benutzer soll von Routinetätigkeiten entlastet werden, er soll sich auf die kreativen Planungstätigkeiten konzentrieren (Werkzeugcharakter des Programmiersystems).

Im Programmiersystem ist die im Rahmen der Systemprogrammierung definierte Anwendungsprogrammierschnittstelle abgebildet (Kap. 5.3.8). Dadurch bleiben Stationsspezifika dem Anwendungsprogrammierer verborgen. Der Anwendungsprogrammierer erstellt eine Aufgabenbeschreibung, die in die höherwertigen, technologisch orientierten Funktionen der Anwendungsprogrammschnittstelle umgesetzt wird.

Die Aufgabenbeschreibung bezieht sich auf ein vollständiges Produkt bzw. auf eine vollständige Baugruppe. Sie muß folgende Elemente enthalten:

- **Reihenfolge der Montageschritte**
  Es ist eine netzförmige Beschreibung (Graph) zu erstellen, die den Weg von einzelnen Bauteilen bis zu einem fertigen Gerät über baugruppenorientierte Zwischenstände darstellt. Dies beinhaltet Vorrangbeziehungen, d.h. eine einzuhaltende Reihenfolge bei der Montage, die sich aus gegenseitigen Abhängigkeiten von Teilen ergibt, z.B. Zugänglichkeiten oder Blockierungen. Außerdem spiegeln sich in dieser Darstellung Nebenläufigkeiten wider, d.h. Aktionen, die in einer willkürlichen Reihenfolge durchgeführt werden können. Darüberhinaus sind darin parallele Zweige enthalten, hinter denen sich Alternativen hinsichtlich Technologien, Werkzeugen, Vorrichtungen, Greifern oder Stationen verbergen. Diese Nebenläufigkeiten und Alternativen können zur Laufzeit von einem Werkstattsteuerungssystem zur Optimierung der Anlagenauslastung oder zur Umplanung im Fehlerfalle benutzt werden.

- Geometrie und Technologie

Die einzelnen Montageschritte als Detaillierung des Montageplans (Aktionen) beschreiben einzelne Fügevorgänge oder Hilfsvorgänge. Darin enthalten sind Angaben über

- technologische Funktionen zur Durchführung des Montagevorgangs,
- zugehörige technologische Parameter,
- geometrische Parameter, d.h. räumliche Beziehungen von Teilen, Werkzeugen, Vorrichtungen und Greifern während des Montagevorgangs
  - bei Zwischenständen,
  - beim Endzustand,
- zu verwendende Werkzeuge, Greifer und Vorrichtungen.

Der Ausgangszustand wird in den einzelnen Montageschritten nicht spezifiziert, er kann zur Laufzeit aus aktuellen Zustandsdaten entnommen werden. Es werden der Endzustand und bedarfsweise Zwischenzustände spezifiziert, der Weg dahin vom Ausgangszustand ausgehend wird anlagenabhängig zur Laufzeit automatisch abgeleitet.

Die Darstellung der Reihenfolge der Montageschritte, die begleitenden geometrischen und technologischen Angaben und die enthaltenen Aktionsanweisungen für die Montagestationen stellen einen Arbeitsplan dar, der von einem Werkstattsteuerungs- bzw. Leitsystem zur Anlagenführung ausgewertet wird. Er wird im folgenden als Montageplan bezeichnet.

Die zur Erstellung eines Montageprogramms möglichen Varianten sind in Bild 5.19 dargestellt. Dabei sind der Aufwand zur Erstellung eines entsprechenden Programmier-

Varianten des Programmiersystems zur Erstellung der Montageprogramme	Benutzer-komfort	Aufwand zur Erstellung des Prog.systems
Manuelle Erstellung: Textuelle Eingabe		
Rechnerunterstützte manuelle Erstellung: Rechnergeführtes Teach-In		
Grafisch unterstützte Erstellung: Aufgabenorientiertes Programmiersystem		

Bild 5.19: Varianten der Programmerstellung

systems und der erzielbare Benutzerkomfort gegenübergestellt. Die Varianten werden im folgenden erläutert.

5.4.1 Manuelle Programmerstellung

Die Programmierung erfolgt bei dieser Variante direkt auf der Ebene der von der Systemprogrammierung vorgegebenen Anwendungsprogrammierschnittstelle mit Hilfe von Texteditoren und eventuell einfachen Übersetzungsprogrammen zur Formatkonvertierung. Besonders aufwendig für den Anwendungsprogrammierer ist die Geometriedefinition, die nur über numerische Eingabe zu bewerkstelligen ist. Die Aufwendungen zur Erstellung eines solchen Programmiersystem sind hingegen gering. Im Programmiersystem ist mit Ausnahme des Formats der Anwendungsprogrammierschnittstelle kein Wissen über die Systemprogramme enthalten. Insbesondere sind keine Plausibilitätsüberprüfungen für die numerischen Eingaben möglich.

5.4.2 Rechnerunterstützte manuelle Programmerstellung

Bei dieser Variante wird das Anwendungsprogramm rechnerunterstützt durch Vormachen an einer Montagestation erstellt. Die Geometrieeingabe erfolgt durch eine erweiterte Teach-in-Funktion, bei der der Anwendungsprogrammierer vom Programmiersystem zu gezielten Aktionen unter Zuhilfenahme des Roboters aufgefordert wird, z.B.

- Montageteile greifen: dies dient zur Definition von Greifrelationen;
- relative Lage von Teilen zueinander herbeiführen, wobei eines der Montageteile vom Roboter geführt wird, die Lage des anderen Montageteils muß durch einen vorhergehenden Handhabungsvorgang bekannt sein: damit werden Teilerelationen als Zwischen- oder Endzustände eines Montageablaufs definiert.

Begleitend werden vom Programmiersystem technologische und sonstige Daten vom Anwendungsprogrammierer erfragt.

Es wird eine interne Darstellung der Montageaufgabe generiert, aus der Montageprogramme im Format der Anwendungsprogrammierschnittstelle abgeleitet werden können.

Zur Anwendungsprogrammierung ist eine Montagestation erforderlich. Das Programmiersystem enthält inhaltliches Wissen über die im Rahmen der Systemprogrammierung implementierten technologischen Funktionen, es ermöglicht Plausibilitätsüberprüfungen.

5.4.3 Grafisch unterstützte Programmerstellung

5.4.3.1 Prinzip

Die Programmierung erfolgt rechnerunterstützt in Form einer Problembeschreibung durch einen Verfahrenstechniker unter Nutzung montagetechnischer Begriffe. Komfortable grafische Hilfsmittel können dem Anwendungsprogrammierer durch eine CAD-Basisfunktionalität im Programmiersystem zur Verfügung gestellt werden.

Mit einem CAD-orientierten Programmiersystem ist die Nutzung von Daten aus anderen betrieblichen Bereichen möglich, z.B. Geometriedaten aus der Konstruktion. Damit können dem Programmiersystem geometrische Modelle von Montageteilen, Vorrichtungen und Werkzeugen zur Verfügung gestellt werden.

Der Werkzeugcharakter des CAD-basierten, anwendungsorientierten Programmiersystems wird hinsichtlich der Geometrievorgabe für die Montageabläufe durch eine zur manuellen Montageplanung analoge Vorgehensweise gewährleistet. Ein Gerät oder eine Baugruppe kann vom Anwendungsprogrammierer am Programmiersystem unter Zuhilfenahme der technologieorientierten Abläufe der Anwendungsprogrammierschnittstelle und der Manipulationsmöglichkeiten des Systems für geometrische Objekte "zusammengebaut" werden. Dabei werden die Positionen (Zwischenpositionen und Endpositionen) der Teile relativ zueinander spezifiziert. Die Vorgehensweise wird ausschließlich vom Anwendungsprogrammierer gesteuert und verantwortet und entspricht einem Vormachen und Abspeichern (Teach-in) in einer simulativen Umgebung. Somit wird im Gegensatz zu automatischen Aktionsplanungssystemen nicht versucht, CAD-Daten automatisch zu verstehen und daraus Vorgaben für die Programmierung abzuleiten. Vielmehr behält der Anwendungsprogrammierer die vollständige Kontrolle über den Ablauf, es stehen ihm für seine Aufgabe komfortable und überschaubare Hilfsmittel zur Verfügung.

Durch die Abbildung der im Rahmen der Systemprogrammierung definierten Anwendungsprogrammierschnittstelle enthält das Programmiersystem inhaltliches Wissen über die in der Montageanlage implementierten technologischen Funktionen.

5.4.3.2 Ablauf des Planungs-/Programmierprozesses

Die Montageaufgabe wird, ausgehend von einer reinen Aufgabenbeschreibung schrittweise detaillierter beschrieben, wobei zunehmende Restriktionen aufgrund von Werkzeugen, Vorrichtungen und Montagestationen eingebracht werden. Diese Restriktionen können auch als zunehmende Konkretisierung der zunächst neutralen Aufgabenbeschreibung betrachtet werden. Die schrittweise Vorgehensweise wird im folgenden beschrieben (Bild 5.20).

- **Ausgangslage**

  Es wird angenommen, daß folgende Informationen im Programmiersystem bereits vorliegen:

  - Stückliste,
  - CAD-Beschreibungen der Einzelteile des zu montierenden Produkts,
  - CAD-Beschreibungen verfügbarer Werkzeuge, Vorrichtungen und Greifer,
  - Beschreibung der Stationen.

- **Aufgabenbeschreibung**

  Die Aufgabenbeschreibung besteht aus einer Spezifikation der Montageaufgabe, die das gesamte Produkt oder die gesamte Baugruppe umfaßt. Das Produkt wird, ausge-

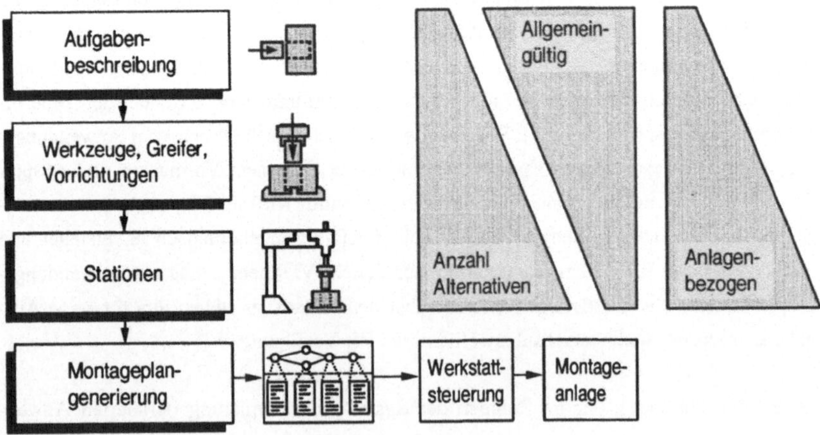

Bild 5.20: Ablauf des Planungs-/Programmierprozesses

hend von den Einzelteilen, rechnerunterstützt am Bildschirm schrittweise zusammengesetzt, wobei bei den einzelnen Montageschritten geometrische und technologische Vorgabedaten abgefragt und aufgezeichnet werden. Die Aufgabenbeschreibung wird in folgenden Schritten durchgeführt:

- Zusammenstellen der erforderlichen Einzelteile/Baugruppen am Bildschirm entsprechend der Stückliste,

- Schrittweiser Zusammenbau der Teile
  Der Benutzer wird bei einzelnen Montageschritten zu folgenden Eingaben aufgefordert:

  - Auswahl der Teile,
  - technologische Funktion.

  Der weitere Dialog mit dem Anwendungsprogrammierer orientiert sich an der ausgewählten technologischen Funktion.

  Die Geometrie wird durch Herbeiführen bestimmter Teilerelationen definiert ("manuelles Vormachen") und in relativen Koordinaten abgespeichert. Zum Zweck der Geometriedefinition sind folgende geometrisch orientierte Funktionen für die Montageteile notwendig:

  - Ausrichten,
  - Schieben,
  - Festhalten, Fixieren.

  Technologiedaten können automatisch aus Technologiedatenbanken entnommen werden (z.B. maximale Anzugsmomente aufgrund der Schraubenabmessungen). Ist dies nicht möglich, so sind sie manuell vom Anwendungsprogrammierer einzugeben.

Es ergibt sich ein streng sequentieller Montageablauf. Erwünscht ist jedoch ein Montagegraph, bei dem parallele Zweige und Alternativen auftreten, um Optimierungsmöglichkeiten beim späteren Montageablauf zu erhalten. Dazu wird der sequentielle Graph unter Zuhilfenahme von Betrachtungen zu Teilebeziehungen (Vorrang) manuell editiert.

- Auswahl von Werkzeugen, Vorrichtungen und Greifern

Zur Durchführung von Montagevorgängen sind Werkzeuge, Vorrichtungen und Greifer notwendig. Die im vorigen Schritt erstellte Aufgabenbeschreibung ist um diese Gesichtspunkte zu erweitern. Werkzeuge, Vorrichtungen und Greifer werden zusammen mit den entsprechenden Greif- oder Halterelationen spezifiziert. Diese Beziehungen Werkstück zu Werkzeug bzw. Vorrichtung werden ebenfalls in relativen Koordinaten festgehalten. Der Montagegraph erhält dadurch alternative Zweige, da bestimmte Montageschritte mit unterschiedlichen Greifern, Werkzeugen oder Vorrichtungen möglich sind.

Durch die Berücksichtigung realer Gegebenheiten in Form von Werkzeugen, Vorrichtungen und Greifern müssen deren Restriktionen auf den Montageablauf ebenfalls berücksichtigt werden. Ergänzend zur Aufgabenbeschreibung sind zusätzliche Vorgänge in den Montagegraph einzufügen, die Umorientierungsvorgänge oder Haltevorgänge betreffen, die zur Gewährleistung der Zugänglichkeit bei Montagevorgängen notwendig sind.

- Zuordnung zu Montagestationen

Im Sinne einer weiteren Konkretisierung erfolgt die Zuordnung von Montageoperationen zu Montagestationen in Abhängigkeit von den technologischen Möglichkeiten der Station. Dies führt bei mehreren geeigneten Stationen zu zusätzlichen Alternativen im Montagegraph.

- Generierung eines Montageplanes

Nach diesen Schritten liegt somit ein Montagegraph vor, bei dem die einzelnen Montageoperationen mit Hilfe der standardisierten technologieorientierten Abläufe und der bei der Spezifikation aufgenommenen und zusätzlich manuell eingegebenen Daten beschrieben sind.

Dieser Graph ist einer Simulation zu unterwerfen, um die für die Werkstattsteuerung notwendigen Ausführungszeiten einzelner Montageschritte zu ermitteln.

Aus dem Montagegraph - einer rechnerinternen Darstellung des schrittweisen Ablaufs der Teilemontage mit geometrischen und technologischen Vorgabewerten - wird ein Montageplan erzeugt, der aus einer netzförmigen Darstellung des Ablaufs mit Nebenläufigkeiten und Alternativen besteht und einem Aktionsteil, bei dem die Montageschritte im Format der Anwendungsprogrammierschnittstelle aufgeführt sind.

Der Verlauf des Planungs- und Programmierprozesses (<u>Bild 5.20</u>) ist gekennzeichnet durch

- zunehmende Konkretisierung mit zunehmender Anlagenabhängigkeit,
- zunehmende Anzahl von Alternativen (hinsichtlich Werkzeugen oder Stationen),
- abnehmende Allgemeingültigkeit.

5.4.3.3 Programmverifikation

Die erzeugten Anwendungsprogramme werden unter Auswertung aktueller Stationszustandsinformationen zur Laufzeit in Roboteraktionen umgesetzt. Wird vom Anwendungsprogrammierer zur Erstellungszeit der Anwendungsprogramme eine Überprüfung der Arbeitsweise gewünscht (simulative Ausführung), so sind besondere Vorkehrungen zu treffen.

Für die vollständige Verifikation der erzeugten Anwendungsprogramme ist eine genaue Beschreibung der Montagestationen hinsichtlich ihres geometrischen Aufbaus notwendig. Sie erfordert eine Möglichkeit zur simulativen Ausführung der erzeugten Anwendungsprogramme, d.h. die Anwendungsprogrammierschnittstelle (Kap. 5.3.8) muß zur Verfügung stehen. Zusätzlich werden die auf den Stationssteuerungen im Rahmen der Systemprogrammierung erstellten stationsspezifischen Funktionsmodule benötigt, zumindest diejenigen Module, die mit der Roboterbewegung in Verbindung stehen.

Die Programmverifikation unterteilt sich in folgende Gesichtspunkte:

- **Analyse der Durchführbarkeit, Kollisionskontrolle**
  Mit Hilfe exakter Robotermodelle kann in der oben beschriebenen simulativen Umgebung eine vollständige Analyse der Durchführbarkeit der Montageprogramme und eine Kollisionskontrolle durchgeführt werden. Für diesen Zweck ist ein handelsübliches Roboter-Off-line-Programmiersystem geeignet, sofern die in der Anlage eingesetzten Programmiersprachen auf diesem System verfügbar sind, einschließlich einer Möglichkeit zur simulativen Programmausführung.

- Bestimmung der Ausführungszeit

Bei der vorgeschlagenen Programmiermethodik sind exakte Ausführungszeiten vorab schwer zu bestimmen, da die vom Programmiersystem erstellten Montagepläne sich im wesentlichen auf die eigentliche Montageaufgabe beschränken. Die Ausführungszeit für einen Montagevorgang wird darüberhinaus aber wesentlich von anlagenabhängigen Nebenzeiten mitbestimmt, z.B. Zeiten für Greiferwechsel oder Bereitstellungszeiten für Montageteile /101/, oder aber von teilespezifischen Gegebenheiten, z.B. durch Aufspannfehler verursachte Suchzeiten bei Einpaßbewegungen. Diese Zeiten werden entscheidend vom aktuellen Zustand zur Ausführungszeit beeinflußt, der zum Zeitpunkt der Programmerstellung nicht exakt bekannt sein kann.

Zur Bestimmung der Ausführungszeit sind zwei Varianten möglich:

- Exakte Vorgabe eines angenommenen Anlagenzustands

  Für diesen Anlagenzustand können mit Hilfe eines Simulators exakte Ausführungszeiten bestimmt werden, die aber aufgrund der möglichen Abweichungen von diesem Zustand zur Laufzeit nur als Schätzwert dienen können.

- Schätzung aufgrund statistischer Angaben

  Die anwendungsorientierten Vorgaben werden durch Funktionen zur Stationsorganisation und durch technologische Abläufe in stations- und roboterspezifische Aktionen umgesetzt (Kap. 5.2.4). Die dabei möglichen Aktionen bestehen aus einem begrenzten, mehrfach verwendeten Satz von Funktionen, deren Ausführungszeiten in der Station aufgezeichnet und gemittelt werden können.

Die Ausführungszeit der direkt teilespezifischen Aktionen ist im wesentlichen durch die Bewegung des Roboters bestimmt. Sie kann durch die Bestimmung der Weglänge der Bewegungstrajektorie unter Berücksichtigung der vorgegebenen Geschwindigkeit und Beschleunigung hinreichend genau bestimmt werden /101/.

Die Ausführungszeit ist für jeden Arbeitsschritt im Montageplan zu bestimmen und in diesem zu vermerken /102/. Bei alternativen Zweigen im Montageplan kann aufgrund der berechneten Ausführungszeiten die optimale Variante gefunden werden.

5.4.3.4 Programmoptimierung

Die in Kap. 5.3.3 vorgestellte Methode zur Bahnplanung mit Hilfe der sicheren Bereiche führt im allgemeinen nicht zu optimalen Trajektorien, da aus Gründen der Sicherheit Verfahrbewegungen zwischen Systembezirken nur im sicheren Bewegungsbereich automatisch geplant und durchgeführt werden. Diese Beschränkung auf eine pragmatische Bahnplanung, die automatisch arbeitet, verringert den Aufwand zur Programmerstellung, verlängert aber die Programmdurchführungszeit. Diese Beschränkung kann hingenommen werden, wenn dieses so erzeugte Programm nur bei wenigen Teilen zum Einsatz kommt. Bei Serienteilen lohnt sich die Erstellung von Programmen, bei denen Bewegungstrajektorien explizit programmiert sind, und die somit nicht den Beschränkungen der Bewegung im sicheren Bewegungsbereich unterworfen sind. Solche Programme sind dediziert für einzelne Stationen zu erstellen. Für diese Stationen sind die vorerstellten technologischen Abläufe zu umgehen, aus denen heraus die Bewegung im sicheren Bewegungsbereich und die Anfahr- und Abfahrbewegungen zu Systembezirken verwaltet werden.

Es sind explizite Roboterprogramme zu erstellen, die direkt in der Roboterprogrammiersprache formuliert sind und die auf die Ressourcen der Montagegrundfunktionen und der anlagenbezogenen Grundfunktionen zurückgreifen (keine technologischen Abläufe). Dabei kann auch ergänzend die herkömmliche Teach-in-Programmierung eingesetzt werden. Diese expliziten Programme können, nachdem sie getestet sind, in den Montageplan eingebunden werden.

5.5 Einführstrategie für die anwendungsorientierte Programmierung

Mit der Strukturierung der Steuerungsprogramme nach Bild 5.11 können Anwender schrittweise eine anwendungsorientierte Programmierung einführen. Beginnend mit der Realisierung der anlagenbezogenen Grundfunktionen ist es bereits möglich, einen beträchtlichen Teil der Anlagenspezifika gegenüber der Anwendungsprogrammierung zu verbergen und so bereits eine spürbare Programmiererleichterung zu erreichen. Im Sinne einer Bottom-up-Vorgehensweise können dann nach und nach technologische Grundfunktionen und technologische Abläufe zusammen mit den Stationsorganisationsfunktionen implementiert werden. Dies ist dann die Basis zur Einführung eines anwendungsorientierten Programmiersystems mit den Stufen manuelle und grafisch unterstützte Programmerstellung. Der Anwender ist somit nicht gezwungen, sofort auf eine völlig neue Vorgehensweise zur Programmerstellung einzuschwenken, sondern kann sich schrittweise mit einer solchen Vorgehensweise vertraut machen. Damit verbunden ist eine schrittweise zunehmende Unterstützung durch informationstechnische Systeme (Rechnerunterstützung).

5.6 Voraussetzungen aufgrund der Programmiermethodik

Eine wesentliche Eigenschaft der vorgeschlagenen Programmiermethodik ist die Möglichkeit des Einsatzes marktgängiger Robotersteuerungen zusammen mit den dafür verfügbaren Roboterprogrammiersprachen. Diese Geräte und Sprachen müssen gewissen Voraussetzungen genügen, um in diesem Umfeld einsetzbar zu sein.

5.6.1 Voraussetzungen hinsichtlich Roboter-Programmiersprachen

Allgemeine Anforderungen werden von üblichen Hochsprachen abgedeckt. Im folgenden sind Anforderungen aufgeführt, die speziell aufgrund der anwendungsorientierten Programmiermethodik gestellt werden:

- **Strukturierung der Robotersteuerungsprogramme**
  Roboterprogramme werden in Funktionsmodule zerlegt. Dies sind eigenständige und übertragbare Programmeinheiten mit einem eigenen internen Gedächtnis. Diese Forderung kann bei Hochsprachen über das Modulkonzept abgedeckt werden zusammen mit einer Möglichkeit zur remanenten Datenhaltung, d.h. einer Vorkehrung, daß Daten nach Aus- und Wiedereinschalten der Robotersteuerung unverändert zur Verfügung stehen. Bevorzugt wird eine Strukturierung nach den Prinzipien der Objektorientierung. Dies fördert die Wiederverwendbarkeit von Steuerungsprogrammen.

- **Einbinden von Programmteilen zur Laufzeit**
  Die Anwendungsprogrammierschnittstelle mit der Formulierung der Aufgabenbeschreibung in Form ausführbarer Roboterprogramme benötigt die Möglichkeit, Programme zur Laufzeit einzubinden (dynamisches Linken o.ä.).

- **Rechnen mit geometrischen Größen**
  Die Roboterprogrammiersprache muß die Berechnung geometrischer Größen (Bewegungsziele u.ä.) zur Laufzeit ermöglichen. Für die Umrechnung werkstückbezogener relativer Koordinatenangaben ist außerdem die Transformation in benutzerdefinierbare Koordinatensysteme erforderlich. Eng damit verbunden ist die Forderung nach

Möglichkeiten zur Formulierung von Bewegungen in verschiedenen Koordinatensystemen (z.B. Greiferkoordinatensystem).

- **Multitasking**

In Roboter-Montagestationen treten nebenläufige Aktivitäten auf, d.h. Aktivitäten, die parallel durchgeführt werden können, insbesondere parallel zu Roboterbewegungen, beispielhaft zu nennen sind

- eigenständig arbeitsfähige periphere Komponenten (Bereitstellungseinrichtungen o.ä.),
- Bediensysteme,
- Kommunikation mit übergeordneten Systemen,
- Sensoren.

Verfügen Roboterprogrammiersprachen über Sprachmittel zur Formulierung nebenläufiger Aktivitäten (Multitasking auf Anwenderebene), so können in vielen Fällen externe steuerungstechnische Komponenten oder Sondersteuerungen durch steuerungsinterne Programmteile in der Robotersteuerung ersetzt werden. Außerdem ist durch die Nutzung der nebenläufigen Arbeitsweise eine Reduzierung von Ausführungszeiten möglich.

- **Methoden zum programmgeführten Teach-in**

Insbesondere für Anwendungen der Inbetriebnahme von Funktionsmodulen bzw. der rechnerunterstützten Erstellung aufgabenbezogener Anwendungsprogramme ist eine Mischung von programmgeführtem Automatikbetrieb und bedienergeführtem Handbetrieb nützlich. Damit kann der Teach-in-Vorgang durch Vorwissen unterstützt werden, das durch ein Roboterprogramm formuliert wird.

- **Bedieneroberflächen**

Für verschiedene Bereiche der Programmiermethodik sind Benutzerinteraktionen mit der Robotersteuerung notwendig, z.B.

- rechnergeführte Inbetriebnahme von Funktionsmodulen,
- rechnerunterstützte manuelle Erstellung anwendungsorientierter Programme,
- Einrichtbetrieb.

Diese Einsatzfelder erfordern Möglichkeiten zur komfortablen Gestaltung von Bedienoberflächen bis hin zu grafikorientierten Elementen. Entsprechende Hilfsmittel sind in der Roboterprogrammiersprache vorzusehen.

- Dateien

Aus der Programmiersprache heraus muß die Manipulation von Dateien möglich sein, insbesondere das Schreiben und Lesen.

- Zeiterfassung

Als Grundlage für die Bestimmung von Anwendungsprogramm-Ausführungszeiten muß der Zeitbedarf von anlagen- umd montageorientierten Grundfunktionen bei jeder einzelnen Ausführung gemessen und gemittelt werden. Stehen keine entsprechenden Sprachmittel zur Verfügung, so müssen die Ausführungszeiten an einem repräsentativen Querschnitt manuell bestimmt werden.

5.6.2   Voraussetzungen hinsichtlich Robotersteuerungen

Robotersteuerungen müssen Laufzeitfunktionen für die Sprachmittel bereitstellen, die in der Roboter-Programmiersprache vorgesehen sind. Daher müssen sich die in Kap. 5.6.1 formulierten Voraussetzungen hinsichtlich der Roboter-Programmiersprache in der Robotersteuerung widerspiegeln.

Von besonderer Bedeutung ist das remanente Speichern von Zustandsdaten, damit das in der Steuerung vorliegende Zustandsabbild auch nach Aus- und Wiedereinschalten der Steuerung erhalten bleibt.

Bei einem Mix unterschiedlicher Montageaufträge auf einer Montagestation ist es erfoderlich, daß die Stationssteuerung über eine Programmverwaltung verfügt, daß also unterschiedliche Anwendungsprogramme auf der Steuerung bereitgehalten werden können.

6   Realisierung

Die skizzierte Methodik zur anwendungsorientierten Programmierung wurde auf Stationen einer flexiblen Montageanlage (Bild 2.2) beispielhaft realisiert. Es kommen dort handelsübliche Robotersteuerungen zum Einsatz, die auf Hochsprachenniveau programmiert werden können /103/. Zwei Stationen wurden näher betrachtet, eine Montage- und Kommissionierstation, die mit einem Portalroboter ausgerüstet ist (Kap. 4.5, Bilder 4.6, 4.7), und eine mit einem SCARA-Roboter bestückte Station. Diese Stationen sind teilweise ersetzend, können also einen Teil der Aufgaben der jeweils anderen Station übernehmen.

6.1   Programmiersystem

Das Programmiersystem basiert auf einem marktgängigen CAD-System, das über vielfältige Möglichkeiten einer applikationsspezifischen Programmierung verfügt /104/ (Bild 6.1).

Realisiert wurde die Vorgabe von Geometrie und Technologie für einzelne Montageschritte (Kap. 5.4), diese Montageschritte werden zunächst in einer sequentiellen Folge

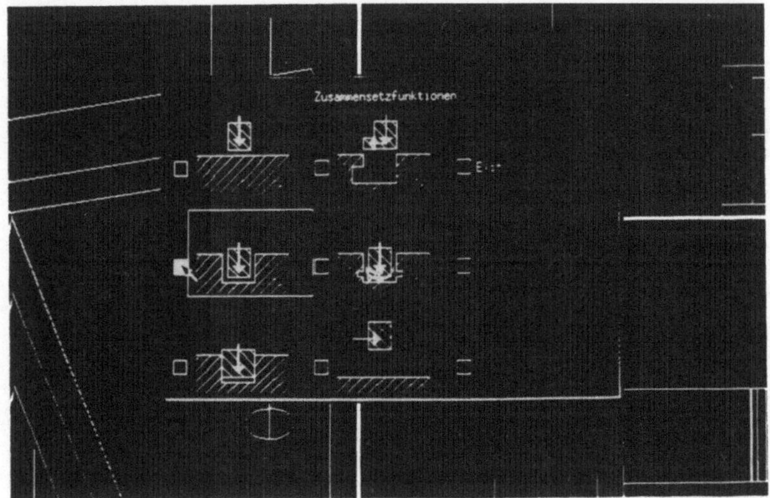

Bild 6.1: Anwendungsorientiertes Programmiersystem auf der Basis eines CAD-Systems

aneinandergereiht.

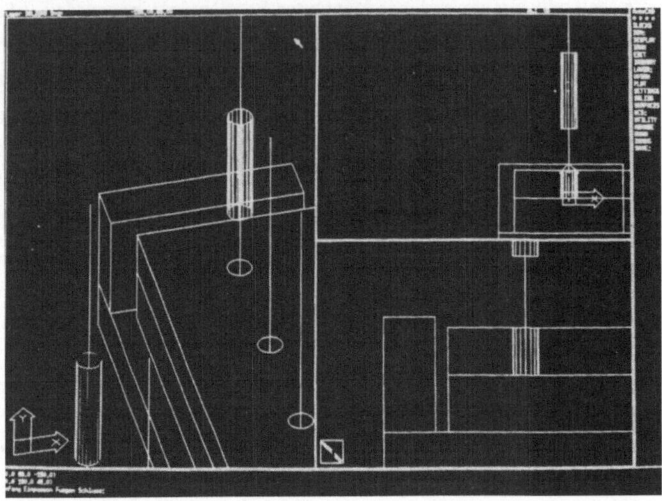

Bild 6.2: Grafisch unterstützte Spezifikation von Teilerelationen

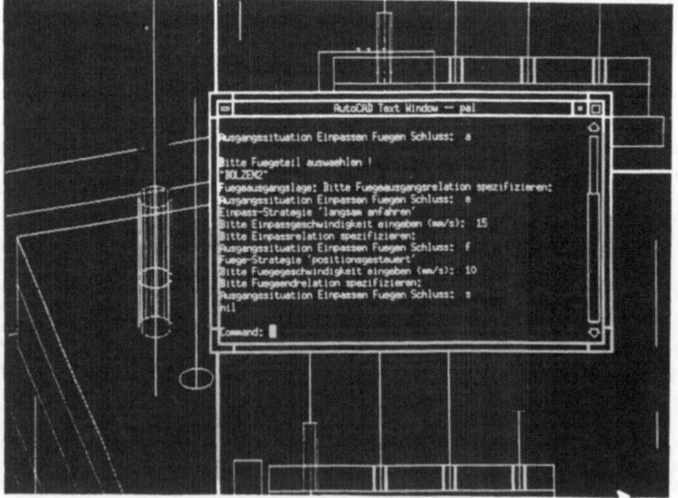

Bild 6.3: Eingabedialog zur Spezifikation geometrischer und technologischer Daten

Geometrische Beziehungen werden durch Vormachen am Bildschirm spezifiziert (Bild 6.2), dazu werden die Fügepartner vom Anwendungsprogrammierer mit Hilfe der Möglichkeiten des CAD-Systems zur geometrischen Manipulation von Objekten in die jeweils gewünschte Lage zueinander gebracht. Diese Lage wird gespeichert. Der Anwendungsprogrammierer wird bei der Spezifikation der einzelnen technologischen Abläufe rechnergeführt zur Eingabe von geometrischen oder technologischen Vorgabewerten oder zur geometrischen Definition von Teilerelationen aufgefordert (Bild 6.3). Diese Benutzerführung erfasst oder erfragt die Daten, die zur vollständigen Spezifikation der Montageeinzelschritte gemäß der Anwendungsprogrammierschnittstelle erforderlich sind. Das im Programmiersystem enthaltene Wissen ist im wesentlichen in dieser Benutzerführung und in den dahinter liegenden Verarbeitungsvorschriften verborgen.

Im Programmiersystem werden die Aufgabenbeschreibungen (Bild 6.4) in Montagepro-

(a)	Aufgabenbeschreibung	
allgemeine Angaben:		*Parameter:*
	Basisteil	Teile-Nr.
	Fügeteil	Teile-Nr.
	Greifer	Greifertyp-Nr.
	Greifrelation	relative Lage
	Fügeausgangslage	relative Lage
Ablaufangaben:		*Parameter:*
	Einlegen	
	Einpaßbewegung mit langsamem Anfahren	relative Lage, Geschwindigkeit
	Fügebewegung positionsgesteuert	relative Lage, Geschwindigkeit

(b)	Montageprogramm (symbolisch)
EINLEGEN (SCHIEBER, BOLZEN_1, GREIFER_3, GRE_REL_1, POS1_FA)	
EINPASSEN (LANGSAM_ANFAHREN, POS1_EE, GESCHW_E1)	
FÜGEBEWEGUNG (POS_GESTEUERT, POS1_FE, GESCHW_F1)	

Bild 6.4: Einlegevorgang als Beispiel für einen Montageschritt;
Aufgabenbeschreibung (a) und Montageprogramm in symbolischer Form (b)

gramme mit einem speziellen Anweisungslistenformat konvertiert. Diese Anweisungslisten werden in Dateien abgelegt, die auf mobile Datenträger (MDT) übertragen werden können.

6.2 Systemprogrammierung

Die Systemprogramme sind in der Programmiersprache der eingesetzten Roboter /103/ erstellt. Diese Sprache bietet den Vorteil, daß ein Stationssteuerungsprogramm in mehrere Module ("externe Hauptprogramme") zerlegt werden kann, die zur Laufzeit gebunden werden können (dynamisches Linken). Dies ermöglicht die Aufteilung eines Steuerungsprogramms in einen teile- bzw. auftragsspezifischen Part und in einen anlagen- bzw. technologiespezifischen Teil. Außerdem können damit die Systemprogramme sehr einfach aus vorgefertigten Programmteilen zusammengestellt werden. Dieselben anlagenspezifischen Programmodule können aus unterschiedlichen Anwendungsprogrammen heraus aufgerufen werden.

Ein weiterer entscheidender Vorteil ist die Möglichkeit, Zustandsdaten in den Programmmodulen remanent zu speichern, d.h. Zustandsdaten bleiben auch beim Ausschalten der Steuerung in den Modulen erhalten. Die Zustandsdaten werden in den Modulen und nur dort verwaltet, sie sind nach außen hin nicht sichtbar. Beim Zugriff unterschiedlicher Anwendungsprogramme auf anlagen- oder technologiespezifische Module werden die Zustandsdaten in den Modulen konsistent gehalten. Die beiden beschriebenen Eigenschaften der eingesetzten Roboterprogrammiersprache ermöglichen eine im Ansatz objektorientierte Vorgehensweise.

Die Systemprogramme sind gegliedert in Programmteile für

- Stationsorganisationsfunktionen,
- Technologische Abläufe,
- Montagegrundfunktionen,
- Anlagenbezogene Funktionen.

Die für beide Stationen verwendete Ablaufsteuerung auf Stationsorganisationsebene ist in ihrer Struktur in <u>Bild 5.15</u> dargestellt.

Die Montageprogramme sind als Anweisungslisten auf den werkstückbegleitenden Datenträgern gespeichert. Nach dem Einlaufen der Werkstückträger (WT) in die Station werden die Montageprogramme und Zustandsinformationen (z.B. Teilelage) in die Robotersteuerung übertragen. Die Abarbeitung der Anweisungslisten erfolgt durch ein Interpreterprogramm, das ebenfalls in der Roboterprogrammiersprache erstellt ist. Dieses Interpreterprogramm liest und dekodiert die per MDT übermittelten Anweisungslisten. Nach Beendigung des Montageprogramms werden aktuelle Zustandsdaten auf den MDT rückübertragen.

6.3   Ergebnisse

Die Machbarkeit der Programmiermethodik unter Benutzung handelsüblicher Steuerungen konnte nachgewiesen werden. Die erstellten Montageprogramme konnten auf beiden untersuchten Montagestationen, die einen prinzipiell ähnlichen Aufbau aufweisen, ohne Änderungen zur Ausführung gebracht werden. Damit werden Ausweichstrategien unterstützt (Bild 6.5). Anlagenspezifika sind einem Anwendungsprogrammierer weitgehend verborgen, die Anwendungsprogramme können schnell erstellt werden.

Die Methodik ist geeignet für Stationen mit übersichtlichem gerätetechnischem Aufbau (Kollisionsproblematik) und mit standardisierbaren Arbeitsinhalten, Abläufen und Komponenten. Diese Voraussetzungen sind bei der Montage von Teilen der Feinmechanik, Elektromechanik, Elektronik oder bei der Montage von Hydraulik- oder Pneumatikkomponenten im allgemeinen gegeben. Eingeschränkt möglich erscheint der Einsatz bei der Großteilemontage (z.B. Automobil-Endmontage).

Die ausgeführten Roboterprogramme sind hinsichtlich ihrer Ausführungszeit nicht optimiert, da die eigentliche Bewegungsplanung für eine bestimmte Station nicht vom Anwender durchgeführt wird, sondern zur Laufzeit über das Konzept des sicheren Bewegungsbereichs erfolgt. Durch Vorgabe der expliziten Bewegungsbahnen kann eine Optimierung der Ausführungszeit erreicht werden, allerdings auf Kosten des Programmieraufwands.

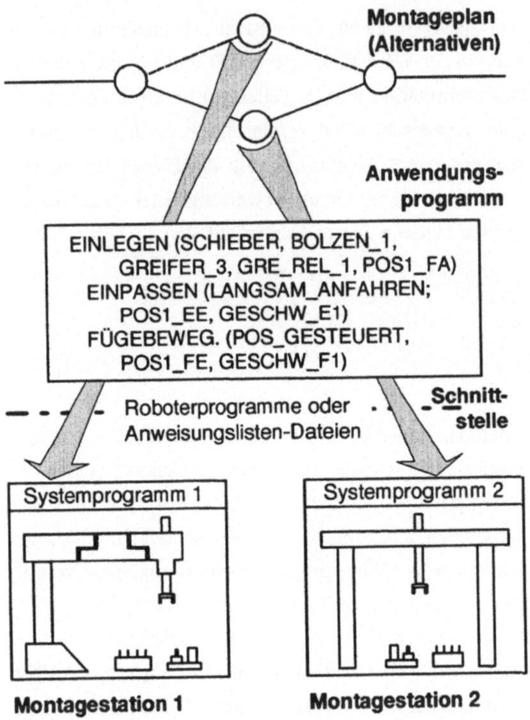

Bild 6.5: Stationsunabhängiges Anwendungsprogramm am Beispiel eines Einlegevorgangs

7   Zusammenfassung und Ausblick

Der Aufwand zur Erstellung von Roboterprogrammen für flexible Montageanlagen muß unter wirtschaftlichen Aspekten reduziert werden. Eine einfache Übertragbarkeit erstellter Programme auf andere Stationen muß gewährleistet sein, um einen flexiblen Anlageneinsatz z.B. im Rahmen eines Störmanagements sicherzustellen. Dies erfordert stationsunabhängige Montageprogramme.

Es wird eine entsprechende Programmiermethodik entwickelt, die auf der Basis industriell eingesetzter Roboter-Programmiersprachen eine komfortable Programmierung mit montagetechnischen Begriffen ermöglicht.

Die zum Betrieb von Roboter-Montagestationen benötigten Programmteile werden zunächst analysiert. Sie erfüllen Aufgaben, die gerätetechnisch orientiert, technologieorientiert oder direkt teileabhängig sind. Letztere decken die eigentlichen Montagevorgänge ab und nur diese sind für einen Anwendungsprogrammierer von Interesse. Die übrigen Programmteile sind unabhängig von konkreten Montageteilen, sie sind teileinvariant und orientieren sich ausschließlich an den Gegebenheiten einer Station oder an den Fähigkeiten einer Station in technologischer Hinsicht.

Die Aufgaben in Roboter-Montagestationen werden systematisiert. Darauf aufbauend werden die Steuerungsprogramme strukturiert, wobei eine Trennung von Systemprogrammierung und Anwendungsprogrammierung eingeführt wird. Der Anwendungsprogrammierer beschränkt sich auf die Formulierung der eigentlichen Montageaufgabe mit montagespezifischen Begriffen, der Systemprogrammierer ist im Rahmen der Stationsinbetriebnahme für die Bereitstellung der stations- und technologiespezifischen Programmteile zuständig, mit deren Hilfe die vom Anwendungsprogrammierer erstellten Aufgabenbeschreibungen zur Laufzeit in konkrete Stationsaktivitäten umgesetzt werden.

Diese Umsetzung zur Laufzeit ermöglicht es, den Anlagenzustand bei der Aktionsgenerierung zu berücksichtigen, was die Stationsautonomie erhöht und die Reaktion auf unerwartete Anlagenzustände erlaubt.

Im Rahmen der Systemprogrammierung wird eine höhere Anwendungsprogrammierschnittstelle geschaffen, die in einem Programmiersystem abgebildet werden kann, so daß eine komfortable, rechnerunterstützte Anwendungsprogrammerstellung möglich wird. Die so erstellten Montageprogramme sind weitgehend stationsneutral und können somit auf unterschiedlichen Stationen unverändert zum Einsatz kommen.

Die Programmiermethodik setzt auf handelsübliche Robotersteuerungen und ihre Programmiersprachen auf. Sie ermöglicht eine schrittweise Einführung der anwendungsorientierten Programmierung und ist auch für bestehende Anlagen geeignet.

Diese beschriebene Vorgehensweise ist nicht auf die Programmierung von Montageanlagen beschränkt, sie kann prinzipiell auf alle Einsatzbereiche flexibler Roboterproduktionseinrichtungen übertragen werden, bei denen die Arbeitsinhalte und der Stationsaufbau systematisierbar sind.

Schrifttum

/1/ Warnecke, H.-J., Schraft, R.D.   Handbuch Handhabungs-, Montage- und Industrieroboter-technik. Band 3. Landsberg: mi-Verlag 1988.

/2/ Lotter, B.   Wirtschaftliche Montage. Düsseldorf: VDI-Verlag 1986.

/3/ Pritschow, G., Wieland, E.   Flexible Produktionstechnik im Montagebereich. Technische Rundschau 81 (1989) 24, S. 22...31.

/4/ Grau, R. et. al.   Max machts möglich - Produktneutrale Montagezelle integriert Montagetechniken. Roboter, Sept. 1991, S. 30...34.

/5/ Spur, G., Deutschländer, A., Severin F.   Rechnergestützte Layoutplanung für Industrieroboter-anwendungen. ZwF 81 (1986) 10, S. 515 ... 522.

/6/ Walker, D.   Höhere Flexibilität durch modular aufgebaute Montagelinien. In: Tagungsband 9. Deutscher Montagekongreß, Stuttgart, 26.-27.4.1990.

/7/ Grundler, E.   Montage-Flexibilität neu definiert. Handling Sonderheft Automation 1991, S. 5...9.

/8/   Chaotische Montage - Scaras automatisieren Montage von Schreibmaschinentastaturen. Roboter, Mai 1990, S. 51...53.

/9/ Hesselbach, J.   Strukturen in der automatisierten Montage. In: Produktions-logistik - Wege zu schlanken und dezentralen Strukturen. VDI-Bericht Nr. 970. Düsseldorf: VDI-Verlag 1992.

/10/   VDI 2860: Montage- und Handhabungstechnik; Hand-habungsfunktionen, Handhabungseinrichtungen; Begriffe, Definitionen, Symbole. Düsseldorf: VDI-Verlag 1982.

/11/   Spur, G.,   Handbuch der Fertigungstechnik.
        Stöferle, Th.   Band 5: Fügen, Handhaben und Montieren.
                            München, Wien: Carl Hanser Verlag 1986.

/12/   DIN 8593: Fertigungsverfahren Fügen.
                            Berlin, Köln: Beuth-Verlag 1985.

/13/   Pritschow, G.   Automatisierungstechnik - Eine ganzheitliche steuerungs-
                            technische Aufgabe.
                            In: Tagungsband zum PTK '89, Berlin 1989.

/14/   Bullinger, H.-J.   Systematische Montageplanung.
                            München, Wien: Carl Hanser Verlag 1986.

/15/   Steuerung von Montagezellen - Leitfaden zur praxisorientier-
                            ten Gestaltung. Arbeitsgemeinschaft Prozeßperipherie im
                            VDMA. Frankfurt, 1990.

/16/   Rembold, U.,   Computer integrated manufacturing and engineering.
        Nnaji, B.O.,   Wokingham [u.a.]: Addison-Wesley Publishing Company
        Storr, A.   1993.

/17/   Pfeiffer, G.   Mobile autonome Fertigungs- und Montagesysteme. In:
                            Tagungsband First European Symposium on Automated
                            Assembly, Veldhoven (Eindhoven) Holland, 12.-13.3.1987.

/18/   Wieland, E.   Identifikationssystem zur Steuerung einer CIM-Montage-
                            anlage. In: Tagungsband zum 3. Internationalen Kongreß für
                            automatische Identifikation und Sensorik (Ident). Sindel-
                            fingen, 31.5.1989.

/19/   Pritschow, G.,   Neuere Entwicklungen in der Robotersteuerungstechnik -
        Angerbauer, R.,   Steuerung bestimmmt die Leistungsfähigkeit von Robotern.
        Bauder, M.,   Technische Rundschau 82 (1990) 49, S.92...99.
        Frager, O.,
        Wieland E.

/20/   Petri, K.-H.

10 Jahre PPS-Kongresse in Böblingen.
CIM-Praxis (1989) 2, S. 76...78.

/21/   Spur, G.

Stand der Programmiertechnik für Industrieroboter.
In: Tagungsband zum Fertigungstechnischen Kolloquium 88.
Berlin [u.a.]: Springer-Verlag 1988.

/22/   Pritschow, G.,
         Frager, O.,
         Schumacher, H.,
         Wieland, E.

Programmierung von roboterbestückten Produktionsanlagen.
Robotersysteme 5 (1989), S. 47...56.

/23/   Storr, A.

Programmierung von NC-Maschinen.
wt-Z. ind.Fertig. 73 (1983) 1, S. 29...39.

/24/   Schumacher, H.

Einheitliche Programmierung von Automatisierungskomponenten roboterbestückter Bearbeitungs- und Montagezellen. ISW Forschung und Praxis 63.
Berlin [u.a.]: Springer-Verlag 1991.

/25/

DIN 66025: Programmaufbau für numerisch gesteuerte
Arbeitsmaschinen, Teil 1 und 2: Wegbedingungen und
Zusatzfunktionen. Berlin, Köln: Beuth-Verlag 1987.

/26/   Weck, M.

Werkzeugmaschinen. Band 3: Automatisierung und
Steuerungstechnik. Düsseldorf: VDI-Verlag 1989.

/27/   Taylor, R.,
         Summers, P.,
         Meyer, Y.

AML: A manufacturing language.
Int. J. Robotics Res. 1 (1982) 3, S. 19...41.

/28/   Hesselbach, J.,
         Storr, A.,
         Kißling, M.,
         Schumacher, H.

Programmiersysteme für Industrieroboter.
wt-Z. ind. Fertig. 74 (1984) 9, S. 524...528.

/29/ Mohri, S. et al. Robot Language from the Standpoint of FA System
Development - An Outline of FA-BASIC. Robotics &
Computer-Integrated Manufacturing 2 (1985) S. 279...292.

/30/ PDL2 Robot Programming Language.
COMAU S.p.A., Turin 1989.

/31/ Gampp, W. Eine Programmiersprache für Industrieroboter.
atp 28 (1986) 4, S. 196...200.

/32/ Users Guide to VAL-II.
Unimation Inc., Banburry, Conn. 1983.

/33/ Pritschow, G., Roboterzellen-Programmierung: Die Sprache IRL und der
Frager, O. Zwischencode ICR. Robotersysteme 8 (1992), S.25...32.

/34/ Blume, C., Alle Roboter verstehen die gleiche Sprache.
Jakob, W. Elektronik 41 (1992) 20, S. 116..223.

/35/ DIN 66312 Teil 1: Industrial Robot Language (IRL).
Berlin, Köln: Beuth-Verlag 1993.

/36/ DIN 66313: Teil 1: IRDATA - Schnittstelle zwischen
Programmierung und Robotersteuerung (in Vorbereitung).

/37/ Trostmann, E. Intelligent Interfaces in Robotics. In: Proc. Conference on
Mechatronics and Robotics, Aachen 1991.

/38/ Lieberman, L.I., AUTOPASS: An Automatic Programming System for
Wesley, M.A. Computer Controlled Mechanical Assembly.
IBM J. Res. Develop. 21 (1977) 4, S. 321...333.

/39/ Lozano-Perez, T., LAMA: A Language for Automatic Mechanical Assembly.
Winston, P.H. Proc. of the 5th International Joint Conference on Artificial
Intelligence, Boston 1977, S. 710...716.

/40/ Popplestone, R.J., RAPT: A language for describing assemblies.
Ambler, A.P., The Industrial Robot, Sept. 1978, S. 131...137.
Bellos, I.

/41/ Weck, M., Benutzerfreundliche Roboterprogrammierung mit dem
Eversheim, W., Offline-Programmiersystem ROBEX.
Zühlke, D., In: Höhere Programmiersprachen für Industrieroboter. KfK-
Niehaus, T. PFT-Bericht 51. Hrsg. H. Wolter. Karlsruhe 1983.

/42/ Loetzsch, J., A dedicated Language for Programming an Assembly Cell.
Pistor, J. v. In: IFIP Working Conference on Off-line Programming of
Industrial Robots. Amsterdam, New York, Oxford, Tokyo:
North-Holland 1987.

/43/ Nnaji, B.O. CAD-Driven Machine Programming.
In: Proc. 1990 Japan-USA Symposium on flexible Automation, ISCIE, Kyoto 1990, S. 843...848.

/44/ Frommherz, B., Grafische Spezifikation von dreidimensionalen Szenen.
Werling, G. Technische Rundschau 81 (1989) 13, S. 94...103.

/45/ Dillmann, R., Ein CAD-unterstützter Trajektorien Entwurfseditor.
Schneider, S. Robotersysteme 4 (1988), S. 161...171.

/46/ Bernhardt, R., Knowledge Based Off-line Programming of Industrial
Schahn, M., Robots. In: Preprints IFAC-Symposium on Robot Control
Schreck, G. Karlsruhe 1988, VDI/VDE-GMA, Düsseldorf.

/47/ Feldmann, K., Verfahrenskette zur Planung und Programmierung von
Eisele, R., Montagesystemen.
Kleineidam, G. ZwF 82 (1987) 9, S. 521...527.

/48/ Weck, M., Autofix: A Task-Level Robot Programming System for
Weeks, J. Automated Fixturing. In: Preprints IFAC-Symposium on
Robot Control Karlsruhe 1988, VDI/VDE-GMA, Düsseldorf.

/49/ Hörmann, A.,
Hugel, Th.,
Meier, W.

Ein Ansatz zur Realisierung intelligenter fehlertoleranter
Robotersysteme.
Robotersysteme 4 (1988), S. 223...231.

/50/ Dungern, O. v.,
Schmidt, G.

Vorbereitende und begleitende Ablaufplanung für flexible
Montagezellen in industrieller Umgebung.
Robotersysteme 6 (1990), S.225...235.

/51/ Kleineidam, G.

CAD/CAP: Rechnergestützte Montagefeinplanung.
München, Wien: Carl Hanser Verlag 1990.

/52/ Olschewski, U.

Flexibel automatisierte Montagebereiche off line programmieren. VDI-Z 132 (1990) 7, S.60...65.

/53/ Scheller, J.

Modellierung und Einsatz von Softwaresystemen für rechnergeführte Montagezellen.
München, Wien: Carl Hanser Verlag 1991.

/54/ Tönshoff, H.K.,
Menzel, E.,
Park, H.S.

A knowledge-based system for automated assembly
planning. Ann. CIRP 41/1 (1992), S.19...24.

/55/ Huck, M.

Rechnerunterstützte Projektierung von Roboteranwendung-
en. In: VDI-Berichte Nr. 723, Düsseldorf: VDI-Verlag 1989.

/56/ Giusti, F.,
Santochi, M.,
Dini, G.

An integrated and flexible System for Automatic Tool
Assembly and Disassembly.
Ann. CIRP 39/1 (1990), S. 29...32.

/57/ Rueher, M.,
Thomas, M.-C.,
Gubert, A.,
Ladret, D.

A PROLOG based graphical approach for task level
specifications. In: Languages for Sensor-Based Control in
Robotics. Hrsg. U. Rembold, K. Hörmann. Berlin,
Heidelberg: Springer 1987.

/58/   Simon, W.W.,   A real-time knowledge scheme for sensory-controlled robot
      Ersue, E.,   assembly tasks.
      Gose, H.,   In: Preprints IFAC-Symposium on Robot Control Karlsruhe
      Zoll, M.   1988, VDI/VDE-GMA, Düsseldorf.

/59/   Camarinha-Matos,   Monitoring and Error Recovery in Assembly Tasks.
      L.M., Osorio, A.L.   In: Proc. 21. ISATA Wien 1990, S. 453...460.

/60/   Levas, A.,   WADE: An Object-Oriented Environment for Modeling and
      Jayaraman, R.   Simulation of Workcell Applications. IEEE Trans. Robotics
        and Automation 5 (1989) 3, S. 324...336.

/61/   Freund, E.,   OSIRIS - Ein objektorientiertes System zur impliziten Ro-
      Heck, H.,   boterprogrammierung und Simulation.
      Kreft, K.,   Robotersysteme 6 (1990), S.185...192.
      Mauve, C.

/62/   Thomas, F.,   A Group-Theoretic Approach to the Computation of
      Carme, T.   Symbolic Part Relations.
        IEEE J. Robotics and Automation 4 (1988) 4, S. 622...634.

/63/   Heemskerk, C.J.M.   The use of heuristics in assembly sequence planning.
        Ann. CIRP 38/1 (1989), S.37...40.

/64   Hörmann, A.,   Planung kollisionsfreier Greifoperationen.
     Hörmann, K.   Robotersysteme 6 (1990), S. 39...53.

/65/   Geyer, G.   Entwicklung problemspezifischer Verfahrensketten in der
        Montage. München, Wien: Carl Hanser Verlag 1991.

/66/   Hörmann, K.A.   Ein Verfahren zur Planung kollisionsfreier Bahnen für
        Industrieroboter.
        Informatik Fachbericht 166. Berlin [u.à.]: Springer 1988.

/67/   Adolphs, P.,   Schnelle kollisionsvermeidende Bahnplanung im
      Nafziger, D.   Konfigurationsraum. Robotersysteme 6 (1990), S. 236...244.

/68/   Köhne, A.,   Wissensbasierte Aktionsplanung und Konfigurierung.
        Welz, B.   Robotersysteme 7 (1991), S. 169...177.

/69/   Hemberger, A.   Innovationspotentiale in der rechnerintegrierten Produktion
                      durch wissensbasierte Systeme.
                      München, Wien: Carl Hanser Verlag 1988.

/70/   Warnecke, H.J., Aufgabenorientierte Off-line-Programmierung von
        Altenhein, A.,   Industrierobotern. In: Tagungsband CAT 87. Stuttgart 1987.
        Göhner, M.

/71/   Warnecke, H.J., Off-line Programming of Wire Harnesses, an Example of
        Altenhein, A.,   Task-Oriented Programming of Industrial Robots. In: IFIP
        Göhner, M.,   Working Conference on Off-line Programming of Industrial
        Schlaich, G.   Robots. Amsterdam, New York, Oxford, Tokyo: North-
                      Holland 1987.

/72/   Hasenauer, R., Objektorientierte Off-line-Programmierung von
        Hemmerle, J.S., Schweißrobotern. Technische Rundschau 79 (1987) 47,
        Prinz, F.B.,   S. 47..49.
        Trimmel, P.

/73/   Gruhler, G.,   Produktorientierte Programmierung von Montagerobotern
        Wieland, E.   für die Leiterplattenbestückung. F+M 97 (1989) 4, S.
                      167...170.

/74/   Gruhler, G.,   Produktorientierte Programmierung von Leiterplatten-Be-
        Wieland, E.   stückungsrobotern. technica 39 (1990) 7, S. 17...21.

/75/   Lotter, B.   Flexible Montagetechnik in der Kombination Mensch - Ma-
                      schine. In: Tagungsband 9. Deutscher Montagekongreß,
                      Stuttgart, 26.-27.4.1990.

/76/   Magaziniersystem MD-400/600. Produktbeschreibung.
                      Wangen: Feine-Präzisionstechnik GmbH, 1987.

/77/   Stenzel Autostocker. Produktbeschreibung.
Wiesbaden: Stenzel CNC-Technik GmbH, 1989.

/78/   Hesse, S.,   Handhabetechnik - Technische Lösungen für Konstrukteure.
       Mittag, G.   Heidelberg: Hüthig-Verlag 1989.

/79/   Maier, Ch.   Montageautomatisierung am Beispiel des Schraubens mit
Industrierobotern. Berlin [u.a.]: Springer-Verlag 1986.

/80/   Pfeiffer, R.   Technologisch orientierte Montageplanung am Beispiel der
Schraubtechnik. München, Wien: Carl Hanser Verlag 1990.

/81/   Anwendung Schraub- und Einpreßtechnik. Firmenschrift.
Murrhardt: Robert Bosch GmbH, 1989.

/82/   Würtz, G.   Alleskönner "Robohammer" - Flexibel automatisierte
Einpreßzelle. Roboter, Sept. 1990, S. 50...52.

/83/   Petry, M.   Systematik zur Entwicklung eines modularen
Programmbaukastens für robotergeführte Klebeprozesse.
Berlin [u.a.]: Springer-Verlag 1991.

/84/   Roboterlötwerkzeug MHM90. Produktbeschreibung.
Weingarten: Hess & Tischler GmbH, 1990.

/85/   NC-Zange mit Wechselfingern. Produktbeschreibung. Bad
Neustadt: Preh Industrieausrüstung GmbH, 1989.

/86/   NC-Servogreifer SG 40. Produktbeschreibung. St. Georgen:
Gesellschaft für Antriebs- und Steuerungstechnik, 1990.

/87/   Greifsysteme. Produktkatalog. Lauffen/Neckar: Schunk
Spann- und Greiftechnik, 1991.

/88/   Schugmann, R. Nachgiebige Werkzeugaufhängungen für die automatische
Montage. Berlin [u.a.]: Springer-Verlag 1990.

/89/   Rentschler, U.   Montage im µm-Bereich.
                                Industrieanzeiger 113 (1991) 93, S.25...27.

/90/   Frankenhauser, B.,   Greifsysteme in der Montage.
        Dreher, H.   Roboter-Markt 1989, S. 30...34.

/91/   Schweizer, M.,   Schneller gehts kaum mehr - Werkzeug- und Greiferwechsel
        Emmerich, H.   in der Montageautomatisierung. Technische Rundschau. Son-
                                derheft Flexible Montageautomatisierung Band 2, 1989.

/92/   Geschwindigkeit ist keine Hexerei - Greiferbaukasten für
                                schnelle Montagevorgänge. Roboter, März 1992, S. 52...53.

/93/   Spanntechnic. Produktbeschreibung. Pforzheim: Sommer
                                Automatic, 1991.

/94/   Wolf, M.   Neue Möglichkeiten der anwenderspezifischen Anpassung
                                von CAD-Systemen durch den Einsatz objektorientierter
                                Programmierung. In: Tagungsband CAT 87. Stuttgart 1987.

/95/   Beer, E.,   Exakte Bewegungsplanungsalgorithmen.
        Le, N.-M.   Robotersysteme 6 (1990), S.193...201.

/96/   Kehoe, A.,   Calibration concepts for off-line Programming of robotic
        Mayer, R.,   based manufacturing systems. In: Proc. Conference on
        Parker, G.A.,   Mechatronics and Robotics, Aachen 1991.
        Stanton, D.

/97/   Xu, W.L.,   Relative Calibration Method for improving Robot Accuracy.
        Wurst, K.-H.   Robotersysteme 8 (1992), S. 107...113.

/98/   Tang, G.-R.,   Plane-motion approach to manipulator calibration.
        Mooring, B.W.   Int. J. Adv. Manuf. Technol. 7 (1992), S. 21...28.

/99/   Brussel, H. van   Evaluation and Testing of Robots.
                                Ann. CIRP 39/2 (1990), S.657...664.

/100/ Spur, G.,   Kalibrierung von Industrierobotern. In: Vorschubantriebe in
       Schröer, K.   der Fertigungstechnik. Hrsg. G. Pritschow, G. Spur,
                         M. Weck. München, Wien: Carl Hanser Verlag 1989.

/101/ Warnecke, H.J.,   Taktzeitprognose für flexible Montagestationen.
       Schweizer, M.,   VDI-Z 129 (1987) 3, S. 53...56.
       Schöninger, J.

/102/ Bullinger, H.-J., Wirtschaftliche Montage- und Prüfplanerstellung für die
       Thaler, K.   Serienfertigung. VDI-Z 134 (1992) 11, S. 62...65.

/103/   Handbuch Robotersteuerung Bosch rho 2.
                         Erbach: Robert Bosch GmbH 1988.

/104/   Autocad Release 11. Reference Manual.
                         Autodesk AG Nov. 1991.

ISW Forschung und Praxis

Berichte aus dem Institut für Steuerungstechnik der Werkzeugmaschinen und Fertigungseinrichtungen der Universität Stuttgart

Herausgegeben bis Band 57 von Prof. Dr.-Ing. G. Stute †
ab Band 58 Prof. Dr.-Ing. G. Pritschow

25   O. Klingler, Steuerung spanender Werkzeugmaschinen mit Hilfe von Grenzregel-einrichtungen (ACC), 124 S., 1979

26   L. Schenke, Auslegung einer technologisch-geometrischen Grenzregelung für die Fräsbearbeitung, 113 S., 1979

27   H. Wörn, Numerische Steuersysteme-Aufbau und Schnittstellen eines Mehr-prozessorsteuersystems, 141 S., 1979

28   P. B. Osofisan, Verbesserung des Datenflusses beim fünfachsigen NC-Fräsen, 104 S., 1979

29   J. Berner, Verknüpfung fertigungstechnischer NC-Programmiersysteme, 101 S., 1979

30   K.-H. Böbel, Rechnerunterstützte Auslegung von Vorschubantrieben, 113 S., 1979

31   W. Dreher, NC-gerechte Beschreibung von Werkstücken in fertigungstechnisch orientierten Programmiersystemen, 105 S., 1980

32   R. Schurr, Rechnerunterstützte Projektsteuerung hydrostatischer Anlagen, 115 S., 1981

33   W. Sielaff, Fünfachsiges NC-Umfangfräsen verwundener Regelflächen. Beitrag zur Technologie und Teileprogrammierung, 97 S., 1981

34   J. Hesselbach, Digitale Lageregelung an numerisch gesteuerten Fertigungs-einrichtungen, 111 S., 1981

35   P. Fischer, Rechnerunterstützte Erstellung von Schaltplänen am Beispiel der automatischen Hydraulikplanzeichnung, 111 S., 1981

36   U. Ackermann, Rechnerunterstützte Auswahl elektrischer Antriebe für spanende Werkzeugmaschinen, 118 S., 1981

37   W. Döttling, Flexible Fertigungssysteme – Steuerung und Überwachung des Fertigungsablaufs, 105 S., 1981

38   J. Firnau, Flexible Fertigungssysteme – Entwicklung und Erprobung eines zentralen Steuersystems, 112 S., 1982

39   A. Herrscher, Flexible Fertigungssysteme – Entwurf und Realisierung prozeßnaher Steuerungsfunktionen, 103 S., 1982

40   U. Spieth, Numerische Steuersysteme – Hardwareaufbau und Ablaufsteuerung eines Mehrprozessorsteuersystems, 115 S., 1982

41   A. Schimmele, Rechnerunterstützter Entwurf von Funktionssteuerungen für Fertigungseinrichtungen, 106 S., 1982

42   M. Sanzenbacher, NC-gerechte Beschreibung von Werkstücken mit gekrümmten Flächen, 105 S., 1982

43   W. Walter, Interaktive NC-Programmierung von Werkstücken mit gekrümmten Flächen, 112 S., 1982

44   J. Huan, Bahnregelung zur Bahnerzeugung an numerisch gesteuerten Werkzeugmaschinen, 95 S., 1982

45   H. Erne, Taktile Sensorführung für Handhabungseinrichtungen – Systematik und Auslegung der Steuerungen, 111 S., 1982

46   D. Plasch, Numerische Steuersysteme – Standardisierte Softwareschnittstellen in Mehrprozessor-Steuersystemen, 112 S., 1983

47   Z. L. Wang, NC-Programmierung – Maschinennaher Einsatz von fertigungstechnisch orientierten Programmiersystemen, 103 S., 1983

48   J. Schwager, Diagnose steuerungsexterner Fehler an Fertigungseinrichtungen, 121 S., 1983

49   P. Klemm, Strukturierung von flexiblen Bediensystemen für numerische Steuerungen, 113 S., 1984

50   W. Runge, Simulation des dynamischen Verhaltens elektrohydraulischer Schaltungen –
     Einsatz von geräteorientierten, universellen Simulationsbausteinen, 132 S., 1984

51   H. Steinhilber, Planung und Realisierung von Werkzeugversorgungssystemen
     für die NC-Bearbeitung, 126 S., 1984

52   R. Ohnheiser, Integrierte Erstellung numerischer Steuerdaten für flexible
     Fertigungssysteme, 115 S., 1984

53   M. Keppeler, Führungsgrößenerzeugung für numerisch bahngesteuerte Industrie-
     roboter, 125 S., 1984

54   P. Kohler, Automatisiertes Messen mit NC-Werkzeugmaschinen, 129 S., 1985

55   K.-H. Rieger, Rechnerunterstützte Projektierung der Hardware und Software von
     Speicherprogrammierten Steuerungen, 123 S., 1985

56   G. Vogt, Digitale Regelung von Asynchronmotoren für numerisch gesteuerte
     Fertigungseinrichtungen, 126 S., 1985

57   S. Chmielnicki, Flexible Fertigungssysteme – Simulation der Prozesse als Hilfsmittel
     zur Planung und zum Test von Steuerprogrammen, 120 S., 1985

58   W. Renn, Struktur und Aufbau prozeßnaher Steuergeräte zur Verkettung in flexiblen
     Fertigungssystemen, 137 S., 1986

59   K. Harig, Quantisierung im Lageregelkreis numerisch gesteuerter Fertigungs-
     einrichtungen, 113 S., 1986

60   H. Frank, Programmier- und Überwachungsfunktionen für teileartbezogene
     NC-Werkzeugmaschinen, 115 S., 1986

61   H. Möller, Integrierte Überwachungs- und Diagnose-Systeme für numerische
     Steuerungen, 131 S., 1986

62   H. Fink, Einsatz speicherprogrammierbarer Steuerungen in der Fertigungs-
     technik, 126 S., 1986

63   J. Fleckenstein, Zustandsgraphen für SPS – Grafikunterstützte Programmierung und
     steuerungsunabhängige Darstellung, 139 S., 1987

64   E. Wagner, Steuerungen von Koordinatenmeßgeräten mit schaltenden und messenden
     Tastsystemen, 133 S., 1987

65   W. Grimm, Diagnosesystem für steuerungsperiphere Fehler an Fertigungs-
     einrichtungen, 143 S., 1987

66   W. Swoboda, Digitale Lageregelung für Maschinen mit schwach gedämpften
     schwingungsfähigen Bewegungsachsen, 141 S., 1987

67   G. Gruhler, Sensorgeführte Programmierung bahngesteuerter Industrieroboter,
     119 S., 1987

68   B. Walker, Konfigurierbarer Funktionsblock Geometriedatenverarbeitung für numerische
     Steuerungen, 125 S., 1987

69   J. Mayer, Werkzeugorganisation für flexible Fertigungszellen und -systeme, 126 S., 1988

70   R. Lederer, Programmierung von NC-Drehmaschinen mit mehreren Werkzeug-
     schlitten, 120 S., 1988

71   G. Häberle, NC-Musterprogrammierung für die rechnerintegrierte Textil-
     fertigung, 127 S., 1988

72   D. Pfeiffer, Kompensation thermisch bedingter Bearbeitungsfehler durch prozeßnahe
     Qualitätsregelung, 135 S., 1988

73   W. Schmidt, Grafikunterstütztes Simulationssystem für komplexe Bearbeitungsvorgänge
     in numerischen Steuerungen, 141 S., 1988

74   M. Egner, Hochdynamische Lageregelung mit elektrohydraulischen Antrieben,
     147 S., 1988

75   W. Schittenhelm, Konfigurierbares Bedienungssystem für Steuerungen an Fertigungs-
      einrichtungen, 136 S., 1988

76   D. Scheifele, Grafisch dynamische Simulation des Bearbeitungsvorgangs für
      Doppelschlittendrehmaschinen, 121 S., 1988

77   G. Keuper, Automatisierte Identifikation der Streckenparameter servohydraulischer
      Vorschubantriebe, 152 S., 1989

78   K.-H. Kayser, Kollisionserkennung in numerischen Steuerungen mit der Distanz-
      feldmethode, 131 S., 1989

79   R. Viefhaus, Fräsergeometriekorrektur in Numerischen Steuerungen für das
      fünfachsige Fräsen, 157 S., 1989

80   J. Zirbs, Fertigungsgerechte Aufbereitung von Flächenverbänden bei der NC-
      Programmierung im Formenbau, 130 S., 1989

81   W. Ruoff, Optische Sensorsysteme zur On-line-Führung von Industrierobotern,
      123 S., 1989

82   M. Jantzer, Bahnverhalten und Regelung fahrerloser Transportsysteme ohne
      Spurbindung, 131 S., 1990

83   H. Schumacher, Einheitliche Programmierung von Automatisierungskomponenten
      roboterbestückter Bearbeitungs- und Montagezellen, 116 S., 1991

84   J. Schimonyi, NC-Programmierung für das Werkzeugschleifen, 122 S., 1991

85   K.-H. Wurst, Flexible Robotersysteme – Konzeption und Realisierung modularer
      Roboterkomponenten, 164 S., 1991

86   R. Hagl, Erhöhung der Verfügbarkeit von Vorschubantrieben mit selbstanpassender
      Lageregelung, 126 S., 1991

87   G. Krebser, Betriebssystem für NC mit einheitlichen Schnittstellen, 130 S., 1992

88   W.-T. Lei, Flächenorientierte Steuerdatenaufbereitung für das fünfachsige Fräsen,
      134 S., 1992

89   G. Diehl, Steuerungsperipheres Diagnosesystem für Fertigungseinrichtungen auf Basis
      überwachungsgerechter Komponenten, 140 S., 1992

90   U. Nepustil, Offene NC-Schnittstellen zur Korrektur von Fertigungsfehlern, 133 S., 1992

91   M. Bauder, Konfigurierbare Robotersteuerung mit allgemeiner Transformation, 120 S., 1992

92   W. Philipp, Regelung mechanisch steifer Direktantriebe für Werkzeugmaschinen,
      118 S., 1992

93   G. M. Härdtner, Wissensstrukturierung in Diagnoseexpertensystemen für Fertigungs-
      einrichtungen, 135 S., 1992

94   H. Wiedmann, Objektorientierte Wissensrepräsentation für die modellbasierte Diagnose an
      Fertigungseinrichtungen, 151 S., 1993

95   H. Rudloff, Hochgenaue Konturerzeugung bei Bewegungsachsen mit einer dominanten
      mechanischen Resonanzstelle, 151 S., 1993

96   K. Brantner, Adaptierbares Leitsteuerungssystem für flexible Produktionssysteme,
      142 S., 1993

97   W. Kugler, Kommunikationsmechanismen für offene Numerische Steuerungssysteme,
      136 S., 1994

98   B. Schnurr, Elektrodynamisches Antriebssystem zur Unrundbearbeitung
      175 S., 1994

99   J. Schneider, Fehlerreaktion mit Speicherprogrammierbaren Steuerungen – ein Beitrag
      zur Fehlertoleranz, 117 S., 1994

100   U. Siewert, Systematische Erstellung adaptierbarer Leitsteuerungssoftware am Beispiel
      der Durchsetzungsplanung, 155 S., 1994

101 G. F. J. Heger, Maschinenferner Qualitätsregelkreis in flexiblen Fertigungssystemen, 134 S., 1994

102 W. Hofmeister, Objektorientiert strukturiertes Programmiersystem für NC-Mehrschlittenmaschinen, 113 S., 1994

103 A. Horn, Optische Sensorik zur Bahnführung von Industrierobotern mit hohen Bahngeschwindigkeiten, 132 S., 1994

104 U. Rentschler, Fehlertolerantes Präzisionsfügen, 128 S., 1995

105 G. Junghans, Modulares grafikunterstütztes Simulationssystem für Bearbeitungs- und Handhabungsvorgänge, 145 S., 1995

106 J. Heller, Sensorgestützte Bewegungserzeugung leitlinienloser Transportfahrzeuge, 123 S., 1995

107 E. Wieland, Anwendungsorientierte Programmierung für die robotergestützte Montage, 137 S., 1995

Die Bände ISW 1 bis ISW 86 sind vergriffen.
Die Bände sind im Erscheinungsjahr und in den folgenden drei Kalenderjahren zu beziehen durch den örtlichen Buchhandel oder durch Lange & Springer, Otto-Suhr-Allee 26-28, 10585 Berlin.